D O **M** I N O

**Étienne Klein** ist Physiker in der Abteilung für Materialwissenschaften des französischen Kommissariats für Atomenergie (CEA). Er hat an verschiedenen Großprojekten mitgewirkt, insbesondere an der Entwicklung des Verfahrens der Laserisotopentrennung, an der Erforschung eines Beschleunigers aus supraleitenden Resonatoren und in letzter Zeit an den Untersuchungen zum zukünftigen europäischen Teilchenbeschleuniger *Large Hadron Collider* (LHC).

Étienne Klein hält an der *École centrale de Paris* Vorlesungen über Quanten- und Teilchenphysik und bekleidet in Zusammenarbeit mit Jean-Michel Besnier einen Lehrauftrag in Wissenschaftsphilosophie.

Zusammen mit dem Astrophysiker Marc Lachièze-Rey gründete er die Organisation *Kronos. Kronos* führt Forscher aller Disziplinen zusammen, die sich mit Fragen bezüglich der Zeit befassen.

Seit 1992 ist er Vorsitzender der Kommission Physik und Medien der Französischen Physikalischen Gesellschaft und hat zusammen mit Michel Spiro und Gilles Cohen-Tannoudji das Kolloquium »Zeit und Zeitpfeil« organisiert, das am 8. Dezember 1993 vom Ministerium für Forschung und höhere Bildung abgehalten wurde.

Étienne Kleins wichtigste populärwissenschaftliche Veröffentlichungen:

*Conversation avec le Sphinx: les paradoxes en physique,* Le Livre de poche, collection »Biblio Essais«, Hachette, 1994 (dt.: *Gespräche mit der Sphinx. Die Paradoxien in der Physik,* Stuttgart, 2. Aufl. 1994).

*Regards sur la matière: des quanta et des choses,* in Zsarb. mit Bernard d'Espagnat, Fayard, 1993.

*Sous l'atome, les particules,* collection »Dominos«, Flammarion, 1993.

# ÉTIENNE KLEIN
# DIE ZEIT

*Ausführungen zum besseren Verständnis*
*Anregungen zum Nachdenken*

Aus dem Französischen von
Bernd Flügge

# DOMINO

# DOMINO
## Band 10

Deutsche Erstveröffentlichung
© 1995 by Flammarion
Der Originaltitel LE TEMPS ist in der *Collection DOMINOS,*
herausgegeben von Michel Serres und Nayla Farouki, erschienen.
© für die deutschsprachige Ausgabe 1998 by BLT
BLT ist ein Imprint der Verlagsgruppe Lübbe, Bergisch Gladbach
Printed in France, November 1998
Lektorat: Nicola Bartels/Vera Thielenhaus
Einbandgestaltung: © by Flammarion
Satz: Textverarbeitung Garbe, Köln
Druck und Bindung: Groupe Hérissey, Évreux Cedex
ISBN 3-404-93010-X

Der Preis dieses Bandes versteht sich einschließlich
der gesetzlichen Mehrwertsteuer.

# Inhaltsverzeichnis

Fachbegriffe, die im Glossar näher erläutert werden,
sind bei ihrer erstmaligen Erwähnung im Text
mit einem * gekennzeichnet.

# Vorwort

*Die Zeit ist ein Feuer, das mich verschlingt.*
*Doch ich bin das Feuer.*
Jorge Luis Borges

Eine unserer grundlegenden Erfahrungen ist die Wahrnehmung einer Zeit, ohne die unser Dasein weder erschaffen noch erlebt wäre und der wir unabwendbar unterworfen sind – das erdrückende Erleben einer tyrannischen Zeit, die uns bis zu unserem Tod beherrscht. Doch vergeblich haben die Menschen immer wieder versucht, das Thema Zeit bis ins letzte zu erörtern und zu erforschen.

Die Zeit nimmt einen breiten und einzigartigen Platz in der Literatur, Kunst und Musik aller Epochen ein. Und sie ist so oft Gegenstand unserer Alltagssprache, daß sie uns vollkommen vertraut vorkommt. Die Zeit gehört zu den alltäglichen Dingen, von denen wir glauben, sie fest im Griff zu haben.

Wenn man von der Zeit spricht, weiß jeder, was gemeint ist, ohne daß es einer weiteren Erläuterung bedarf. Insofern scheint das Thema Zeit keine Fragen offen zu lassen. Aber gerade die gewohnten Vorstellungen sind oftmals die geheimnisvollsten. Dies bewahrheitet sich insbesondere bei der Zeit. Jeder spürt, daß die Zeit unter ihrem harmlosen Äußeren tiefe Geheimnisse birgt und man niemals aufhören wird, sie zu hinterfragen. Sind wir überhaupt in der Lage, die Zeit anders als durch Metaphern zu erklären? Man denke nur an das so oft wiederholte Bild vom »strömenden Fluß, den die Ereignisse formen«, das von dem Kaiser und Philosophen Marc Aurel (121-180) stammt.

»Das Nachdenken über die Zeit ist die vorbereitende Aufgabe jeder Metaphysik«, stellte Gaston Bachelard in *L'Intuition de l'instant* (Die Intuition des Augenblicks) fest. Genau das macht aber die Metaphysik so knifflig. Denn egal in welchem Zusammenhang man die Zeit betrachtet, bei ihrer Analyse stößt man immer wieder auf verschiedene Schwierigkeiten.

Zunächst einmal können wir uns der Zeit nicht so entziehen, wie es uns bei anderen gewöhnlichen Gegenständen möglich wäre. Natürlich können wir die Zeit messen, aber da wir ununterbrochen ihrem Einfluß unterliegen, können wir sie nicht aus der Distanz beobachten. Wir würden gerne anhalten und die Zeit wie einen Fluß vom Ufer aus betrachten, ohne mitzufließen. Die Tragik ist, daß uns dies völlig unmöglich ist. Wir befinden uns unerbittlich *in* der Zeit und können uns nicht von ihr befreien, sie besitzt keine Außenseite für uns.

Wir können die Zeit auch nicht festhalten. Wie eine Hand, die in die Strömung getaucht wird, einen Fluß nicht anhalten kann, so kann auch die Zeit durch nichts zurück- oder festgehalten werden. Während wir denken, reißt die Zeit unsere Gedanken und damit uns selbst mit. Sie eilt dahin und nimmt Reißaus, genau das ist das Charakteristische an der Zeit. Nichts kann sie anhalten oder absetzen, sie hält nicht an einer roten Ampel und läßt sich nicht an einem Kleiderhaken aufhängen.

Eine dritte Schwierigkeit ergibt sich aus der Tatsache, daß die Zeit kein Objekt für einen unserer fünf Sinne ist. Sie ist als reines Phänomen nicht wahrnehmbar, obwohl der Mensch sicherlich das »zeitlichste« aller Tiere ist und das größte Bewußtsein für das Verstreichen der Zeit besitzt. Nur die Lebewesen, die ein Gedächtnis haben, können das Verstreichen der Zeit erfassen (ein Lebewesen ohne Gedächtnis hätte von Dauer so wenig Vorstellung wie ein Blinder von Farben). Aber auch wenn das Gedächtnis einen Teil der Vergangenheit in der Gegenwart festhält, so kann es doch aus der Zeit keinen handfesten Gegenstand machen. Desgleichen reichen weder Intuition noch Vorstellung aus, um die Zukunft im voraus greifbar zu machen.

Schließlich ist festzustellen, daß sich die Zeit für uns fast immer mehrdeutig, verwirrend und manchmal widersprüchlich darstellt. Sie ist gleichzeitig offensichtlich und nicht faßbar, verläßlich und flüchtig, alltäglich und geheimnisvoll. Und obwohl ihre Richtung, wie die Physiker sagen, »pfeilförmig« ist, bleibt sie unauffindbar. Wie kann man sich der Zeit überhaupt auf dem Wege der Vernunft nähern? Dies scheint nicht möglich, ohne sich sofort in heftige Widersprüche zu verwickeln (wie wir später im zweiten Teil dieses Buchs sehen werden).

Diese Vieldeutigkeit bringt es mit sich, daß Wissenschaftler aller Disziplinen bei ihren Untersuchungen der Welt und des Menschen immer wieder mit den Launen und obskuren Seiten der Zeit konfrontiert werden. Wir werden zunächst vor allem von den Physikern spre-

**Auch wenn die Zeit noch so unbegreiflich ist – nichts kann sich aus ihr entfernen**

*Die Zeit besteht aus Augenblicken, die einander in ihrem Verschwinden folgen. Sie ist eine Mischung aus flüchtiger Realität und dauerhafter Vorstellung. Jede menschliche Aktivität wird in einem eigenen Tempo vollzogen, das ihren charakteristischen Bezug zur Zeit festlegt. Die Musik ist das Beispiel, das einem dabei am ehesten in den Sinn kommt. Hier gibt Leonard Bernsteins Taktstock den Rhythmus für die Bewegung des von Mstislaw Rostropovitch gehaltenen Bogens vor. Die gegenseitigen Blicke synchronisieren ihre Bewegungen.*
Ph. © Marc Enguerand.

chen. Es erscheint vielleicht seltsam, die Zeit mit der Physik in Verbindung zu bringen. Ohne es immer einzugestehen, versucht letztere tatsächlich, die Zeit auszuschließen. Denn die Zeit ist das Vergängliche, das Instabile, das Flüchtige, während die Physik ihrerseits auf der

Suche nach Zusammenhängen ist, die sich der Veränderung entziehen. Selbst wenn sich die Physik auf Prozesse mit einer Vergangenheit oder einem zeitlichen Verlauf bezieht, dann will sie daraus von der Zeit unabhängige Inhalte und Formen oder Gesetze und Regeln ableiten. Sie strebt nach dem Unveränderlichen und Invarianten, oder zumindest nach dem Umkehrbaren. Die Physik versucht, Wechselhaftes auf Bleibendes zurückzuführen, indem sie aus flüchtigen Phänomenen Gesetze ableitet, die ihrerseits von der Zeit befreit sind. Muß nicht jeder, der die Wahrheit sucht, das Unvergängliche erstreben?

Dennoch stößt sich die Physik sowohl in der Praxis als auch in der Theorie immer wieder an der Zeit. Sie tut das mit um so größerer Wucht, als die Zeit in ihren Tiefen sehr facettenreich ist. Um zu verdeutlichen, wie die Zeit die Physiker provoziert, betrachten wir noch einmal den oben zitierten Vergleich (»Die Zeit ist ein strömender Fluß«) und konzentrieren uns auf die in ihm verborgenen oder offenkundigen Botschaften: Dieser Vergleich verbindet die Zeit mit einer Vorstellung von etwas Fließendem, einer Abfolge, Dauer und Unumkehrbarkeit (letztere, da man nach Heraklit »nicht zweimal in denselben Fluß steigen kann«). Der Vergleich verweist also auf Symbole, die ihrerseits wieder auf Fragestellungen der Physik zurückführen. Steht der Fluß der Zeit überhaupt zur Diskussion? Gewiß, denn die Physik fragt sich in diesem Zusammenhang, ob der Fluß der Zeit regelmäßig oder unregelmäßig ist. Ist die Zeit starr oder ist sie dehnbar? Wir werden sehen, daß die klassische Physik in diesem Punkt nicht dieselbe Antwort liefert wie die Relativitätstheorie. Albert Einstein war deutlich flexibler als

Isaac Newton. Gibt es eine Diskussion über die Zeit-dauer? Die Physiker wüßten gerne, ob die Zeit Enden besitzt wie ein Seil: Gibt es, so fragen sie sich, einen Anfang oder ein Ende der Zeit? Genau darin besteht das Problem der Kosmologie*. Sie sieht, wie sich das Universum zwischen einem *Big-bang** (dem Urknall), der mit ziemlicher Sicherheit stattgefunden hat, und einem sehr viel unsichereren *Big-crunch** (der Kontraktion) zunächst ausdehnt und dann wieder zusammenzieht. (Die Astrophysiker sind schlau genug, den *Big-crunch* nicht genauer zu datieren.) Steht die Unumkehrbarkeit, also die Unmöglichkeit, den Verlauf des Zeitflusses umzukehren, zur Debatte? Die Physiker untersuchen, ob der Fluß der Zeit die Richtung ändern kann oder ob sie immer konstant bleiben wird. Ist die Zeit, wie sie sagen, wirklich »pfeilartig« in die Zukunft gerichtet?

Die Darstellung der Zeit durch das Pfeil-Symbol geht auf den englischen Physiker Arthur Eddington (1882-1944) zurück. In der Mythologie stand der Pfeil bis dahin für Eros, den Gott der Liebe, oftmals dargestellt als ein geflügeltes Kind, das die Herzen mit seinen spitzen Pfeilen verletzt. In diesem neuen Zusammenhang symbolisiert der Pfeil nun leider nicht mehr die Liebe, sondern das jedem Menschen eigene Bewußtsein einer unerbittlich und unumkehrbar verrinnenden Zeit (schon das Wort »verrinnen« deutet an, daß wir in bezug auf die Zeit keine Rückfahrkarte lösen können). Wir werden untersuchen, wie jedes Gebiet der Physik seinen eigenen Zeitpfeil* – so gut es eben geht – begreift und ob es den Physikern gelungen ist, mit ihren Gleichungen einen einheitlichen Zeitbegriff hervorzubringen.

Im zweiten Teil werden wir den strengen Pfad der Wissenschaft verlassen, um die Frage nach der Zeit unter anderen Aspekten zu untersuchen – ein weites Feld.

**Wir messen die Zeit. Können wir sie auch definieren?**

*Jeder spürt sehr genau, daß die Zeit unter ihrer gewohnten und unscheinbaren Fassade nichts Gewöhnliches ist und daß man nie aufhören wird, sie zu hinterfragen.*

*Ist die Zeit nur eine Illusion? Ist sie einzigartig? Ist sie universell? Ist sie wirklich pfeilförmig oder gibt sie sich nur den Anschein? Was befindet sich eigentlich im kleinen Pfeilköcher der Zeit?*
Ph. © J.-P. Lescourret/Explorer.

# Die  Physik und
# die Zeit

# Chronos und tempus

*Die Minuten verflossen langsam,*
*aber die Stunden vergingen schnell.*
Pierre Mac Orlan, *La Bandera*

Wir gehen zunächst von einer ganz alltäglichen Beobachtung aus. Es existiert ganz offensichtlich ein Unterschied zwischen der physikalischen und der subjektiven Zeit oder, anders ausgedrückt, zwischen der Uhrzeit und der erlebten Zeit. Erstere werden wir mit dem griechischen Wort *chronos* bezeichnen. Sie gilt als objektiv, ist nicht von uns abhängig, ihr wird Gleichmäßigkeit nachgesagt und wir sind in der Lage, sie zu messen. Diese Zeit wird von unseren Uhren angezeigt und gibt unserer Zeiteinteilung ihren Rhythmus.

Seit dem 13. Oktober 1967 ist ihre Einheit, die Sekunde, folgendermaßen festgelegt: Ein Cäsium-133-Atom sendet oder absorbiert beim Übergang von einem bestimmten Energieniveau auf ein anderes eine elektromagnetische Welle. Eine Sekunde wird nun peinlich genau als die Dauer von 9 192 631 770 Schwingungen dieser speziellen Welle definiert. (Also ein hervorragendes Beispiel der sprichwörtlichen wissenschaftlichen Genauigkeit ...)

Die zweite oben angesprochene Zeit soll im folgenden mit dem lateinischen Wort *tempus* bezeichnet werden. Diese erlebte oder psychologische Zeit mißt man »in seinem Inneren«, sie verfließt nicht gleichmäßig. »Es gibt Augenblicke, die lange dauern«, sagt Arletty in Marcel Carnés Film *Hôtel du Nord*. Im Gegensatz dazu vergehen andere wiederum sehr schnell. Der Fluß der psychologischen Zeit ist also variabel, so daß selbst der Begriff der verläßlichen Dauer nur einen sehr relativen Aussagewert besitzt. Es gibt vermutlich keine zwei Personen, die in einer vorgegebenen Zeit die gleiche Anzahl von Augenblikken zählen. Ebenso wurde durch verschiedene Versuche bewiesen, daß unsere Einschätzung von Zeitabschnitten merklich mit dem Alter und vor allem mit der Bedeutung, die wir diesen Abschnitten beimessen, variiert. Die psychologische Zeit ist wie Gummi. Genau wie das Wetter hat sie ihre Gebaren und Launen, kurz gesagt eine eigene Persönlichkeit. Aus einer der menschlichen Natur immanenten Boshaftigkeit heraus erscheint uns eine Minute an einer roten Ampel länger (vor allem, wenn man sich verspätet hat) als eine Minute, die man vergnügt mit einem anderen Menschen verbringt (vor allem, wenn dieser dem anderen Geschlecht angehört). Vladimir Jankélévitch stellte fest, daß die Zeit uns seltsamerweise um so schwerer (er-)tragbar vorkommt, je leerer sie für uns ist. Das unterscheidet die Zeit deutlich von gewöhnlichen mechanischen Gegenständen. Es ist übrigens eine Binsenweisheit, daß die Zeit der Langeweile endlos, die Zeit der Ungeduld langsam, aber kompakt und die Zeit der Freude intensiv und wie angehalten erscheint. Welcher Schüler hat diese Erfahrung nicht sogar schon vor dem ersten jugendlichen Herzklopfen gemacht?

**Die Zeit vergeht selten so, wie man es gerne hätte**
*Wenn einen die Langeweile quält, erscheint eine Minute unerträglich länger als nur eine Umdrehung des Sekundenzeigers. Eine pulsierende Aktivität verhindert hingegen, daß man be-* *merkt, wie die Zeit vergeht. Die Zeit, die wir subjektiv wahrnehmen, ist selten phasengleich mit dem monotonen und unveränderlichen Takt der Uhr. Aus diesem Grund tragen wir eine Armbanduhr.*
Ph. © Robert Doisneau/Rapho.

Die wahrgenommene Zeit vergeht schleppend in Momenten, in denen wir absichtslos dahintreiben, und beschleunigt sich, wenn wir ein bestimmtes Ziel verfolgen.

Diese subjektiv wahrgenommenen Unterschiede haben viele Autoren inspiriert. (Zum Beispiel erzählt Primo Levi in der köstlichen Novelle *Schach der Zeit* von der Erfindung und den Folgen eines »Parachron« genannten Medikaments. »Parachron« erlaubt es jedem, nach eigenem Gutdünken das subjektive Gefühl der Zeit zu verändern, die angenehmen Momente auszudehnen und die anderen zu verkürzen.) Manchmal sind die verschiedenen Wahrnehmungen der Zeit so weit voneinander entfernt, daß es schwierig erscheint, sie in Einklang zu bringen. Wie vereinigt man *chronos* und *tempus*? Welche Verbindungen gibt es zwischen ihnen? Ist der Versuch, einen Zusammenhang zwischen dem Unveränderlichen und dem Dehnbaren zu finden, überhaupt sinnvoll? Genau bei dieser Frage hat die Physik ein Wörtchen mitzureden.

## Wie versteht die Physik die Zeit?

> *Oje, oje!*
> *Ich werde zu spät kommen!*
> Das weiße Kaninchen,
> *Alice im Wunderland*

Die Zeit findet sich in der Physik in Form des berühmten Parameters $t$ wieder, der eine reelle Zahl ist. Die erste Mathematisierung der Zeit ergibt sich aus der Feststellung, daß sie nur eine Dimension besitzt. Um einen Zeitpunkt festzulegen, genügt eine einzige Zahl. Deswegen hat die Zeit notwendigerweise eine geordnete Struktur. Auf einer Geraden befindet sich ein Punkt ja immer vor oder hinter einem anderen Punkt – solch eine Ordnung wäre nicht möglich, wenn die Zeit mehrere Dimensionen hätte. Im Gegensatz zur Topologie* des Raums ist die Topologie der Zeit deshalb sehr eingeschränkt. Sie bietet nur die zwei Varianten Linie oder Kreis an; das heißt die immer voranschreitende lineare Zeit oder die Schleifen durchlaufende zyklische Zeit. Letztere ist aufgrund des magischen Charakters des Kreises immer wieder in Mythen anzutreffen. So findet sich der Mythos von der ewigen Wiederkehr schon bei den Griechen – genauer gesagt bei den Stoikern – und später bei Philosophen wie Auguste Comte oder Friedrich Nietzsche. Für Nietzsche zum Beispiel führt die Zukunft in sich selbst zurück. Sie bildet dabei einen großen Kreis, in dem das Gute wie das Schlechte ewig wiederkehren. Seiner Auffassung nach muß man folglich mit dem Wunsch leben, das, was wir schon einmal gelebt haben, noch einmal zu erleben. So ersehnt man die Zukunft mehr, als daß man sie fürchtet. Aber so verführerisch und tröstlich ein solches Konzept einer wiederkehrenden Zeit auch sein mag, es wird heute von der Physik abgelehnt, da es das sogenannte Kausalitätsprinzip verletzt – eine Ausnahme bildet die Gesamtheit des Universums, das sich immer wieder ausdehnen und zusammenziehen und dabei zwischen *Big-bangs* und *Big-crunches* hin- und herschwingen könnte. Wir werden später auf diese Frage zurückkommen.

Die Darstellung der Zeit durch eine geometrische Linie legt fest, daß es nicht mehrere Zeiten auf einmal gibt und daß die einzelnen Augenblicke der Zeit nahtlos ineinander übergehen. Eine solche Linie erscheint natürlich, denn sie stützt die elementare innere Erfahrung, daß es zwar Ereignisse geben kann, die überlappen, daß jedoch niemals Lücken vorkommen. Die vergehende Zeit ist immer allgegenwärtig. Ein solches Schema erlaubt eine algebraische und einfache Behandlung der Zeit. Dies löst zwar nicht a priori alle philosophischen Probleme, die der »Gegenstand Zeit« aufwirft, sollte sie aber doch zumindest abschwächen. Was kann es einfacheres geben als einen Punkt, der sich auf einer geraden Linie voranbewegt? Doch in Wirklichkeit fangen die Probleme hier erst an.

In einer mehr oder weniger expliziten Form findet man den Zeitparameter $t$ in allen Gleichungen der Physik. Zum Beispiel kann er in Form der unabhängigen Variablen in den Begriffen der momentanen Geschwindigkeit und momentanen Beschleunigung versteckt sein. Diese Allgegenwart der Zeit im Formalismus* der Theorien wirft mehrere schwierige Fragen auf. Kommt dadurch eine Universalität der Zeit zum Ausdruck oder handelt es sich in den Theorien nur um eine Aneinanderreihung von speziellen Zeiten? Sind alle in den Gleichungen vorkommenden Zeiten identisch oder doch vielleicht verschieden? Ist die Zeit der Thermodynamik* dieselbe wie die Zeit der Mechanik* oder Kosmologie? Weiterhin kann man sich fragen, ob die Gegenwart der Zeit in den Tiefen der Physik nicht eigentlich unpassend ist, da letztere dazu tendiert, die Zeit zu verleugnen. Die Physik beruft sich in diesem Zusammenhang auf »unverrückbare Ideale« (Prinzipien, Gesetze und Theorien) und umgeht dabei den Begriff des datierten Ereignisses. Wie kann die Vorstellung von einem »allgemeingültigen Gesetz«* mit der Vergänglichkeit zusammenpassen?

Um die letzte Frage zu beantworten, müßte man untersuchen, wie der Begriff der *Geschichte* – die davon ausgeht, daß sich die Welt im Laufe der Zeit verändert – mit dem Begriff des *Gesetzes* – das im Gegensatz dazu Unveränderlichkeit und Stabilität repräsentiert – zusammenhängt. Das würde verständlich machen, ob es die Bestimmung der Physik ist, das Unveränderliche zu beschreiben, oder ob sie nicht doch Gesetze für das Wandelbare aufstellen muß; soll sie Formalismus des Unveränderlichen oder Protokoll der Veränderungen sein? Mit anderen Worten: Ist die Welt eher System oder eher Geschichte? Diese Streitfrage ist noch nicht entschieden worden – wird man eines Tages zu einer Einigung kommen? Die heutige Physik ist schmerzhaft hin- und hergerissen zwischen zwei Säulen des griechischen Denkens. Auf der einen Seite steht Parmenides (515-440 v. Chr.), Philosoph des Seins und der fundamentalen Unbeweglichkeit; auf der anderen Seite sein Zeitgenosse Heraklit (550-480 v. Chr.), Philosoph der Zukunft und der Bewegung. Keine Wissenschaft entkommt ihren Ursprüngen, und alte Gegensätze brechen immer wieder auf. So hat auch diese Debatte über die Generationen hinweg zwei Lager geschaffen: Dem einen gehörten Isaac Newton und Albert Einstein an, die die Zeit aus der Physik eliminieren wollten; auf der anderen Seite stehen Physiker wie Ilja Prigogine, die davon überzeugt sind, daß die Unumkehrbarkeit auf allen Ebenen der Physik anzutreffen ist und man sie zu unrecht vergißt oder übersieht.

# Und wenn wir dem Pfeil folgen würden?

*Mein Leben verging,*
*aber ich wußte nicht, wohin.*
Samuel Beckett, *Molloy*

Kehren wir zu *chronos* und *tempus* zurück, diesmal, um sie zu vergleichen. Als Vergleichskriterium wählen wir die *Reversibilität* (Umkehrbarkeit) bzw. die *Irreversibilität* der Zeit. Die subjektive Zeit ist ganz offensichtlich irreversibel. Im Gegensatz zu dem als isotrop* angesehenen Raum besitzt sie eine festgelegte Verlaufsrichtung. Die Vergangenheit erscheint uns festgeschrieben und wie erstarrt. Wir können uns an sie erinnern, aber wir können nicht mehr spüren, wie sie vergeht.

Kein Gedächtnis kann die vergangene Gegenwart zurückholen, da die Vergangenheit laut Definition schon gelebt wurde. Die Zukunft erscheint uns dagegen unsicher, so fest wir uns auch etwas wünschen mögen, sie hat keine feste Verbindung zur Realität, ist von vornherein mehrdeutig und ihr Erleben steht uns noch bevor. Aus diesem Grund sind für uns im alltäglichen Erleben Vergangenheit und Zukunft nicht symmetrisch angeordnet; die psychologische Zeit verläuft pfeilförmig.

Wie steht es unter dem Gesichtspunkt der Reversibilität um die Zeit in der Physik bzw. um die verschiedenen Arten der Zeit, die die Physik untersucht? Bewegen auch sie sich in eine bevorzugte Richtung? Wie gründlich und weit muß man auf der Suche nach einer Verbindung zwischen den Zeiten der Wissenschaft und des Lebens vordringen? Auch wenn es überraschend erscheint, so ist dieses Problem des Zeitpfeils doch noch nicht zufriedenstellend und eindeutig gelöst. Die modernen Entwicklungen in der Physik haben gleichzeitig sowohl die Fragestellungen als auch die Antworten darauf komplizierter gemacht.

## Newton und die Zeit außerhalb der Zeit

> *Sehen Sie, mein Herr,*
> *die Zeit tut nichts zur Sache.*
> Molière, *Der Menschenfeind*

Beginnen wir fast ganz am Anfang. Bei Galilei (1564-1642) erschien die Zeit erstmals als fundamentale physikalische Größe, worunter man eine in einer ganzen Familie von physikalischen Systemen meßbare Größe verstehen kann. Somit konnte man mit Hilfe der Zeit Experimente ordnen und sie mathematisch verbinden. Galilei, dessen Arbeiten von Newton (1642-1727) weitergeführt wurden, verwirklichte letztlich ein Programm, das Aristoteles schon im 4. Jahrhundert v. Chr. formuliert hatte: Damit wurde die Zeit das Maß jeder Bewegung. Diese Idee hatte schon Ende des 13. Jahrhunderts an Einfluß gewonnen, als die ersten mechanischen Uhren im Abendland auftauchten. Solche Uhren haben die Zeit mit Hilfe des regelmäßigen Ineinanderfassens von Zahnrädern oder des regelmäßigen Hin- und Herschwingens eines Pendels materialisiert und sie in immer kleinere Einheiten zerlegt – vor dem 14. Jahrhundert kannte man weder Minuten noch Sekunden! Durch die Mathematisierung der Zeit konnte Galilei bei der Untersuchung des freien Falls feststellen, daß die Fallhöhe eines Ge-

genstands proportional zum Quadrat seiner Fallzeit ist. In diesem Satz erkennt man das Fallgesetz für einen Körper im Vakuum wieder, das ohne Schwierigkeiten in mathematische Terme übertragen werden kann.

Ab dem 17. Jahrhundert wurde es offensichtlich, daß die verschiedenen Uhrentypen übereinstimmende Maße für das Verstreichen der Zeit lieferten. Im Prinzip könnten also alle Uhren des Universums synchronisiert werden und von da an ewig im gleichen Rhythmus schlagen. Dies entging auch dem großen Newton nicht, der in seinen berühmten *Philosophiae naturalis principia mathematica* (*Mathematische Grundlagen der Naturphilosophie*) eine explizite, auf einem ziemlich komplexen Postulat beruhende Definition der Zeit in der Mechanik gab. Nach Newton vergeht die Zeit gleichförmig – sie ist also nicht dehnbar –, ist universell, absolut und unveränderlich und somit unabhängig vom Bezugssystem* (der Raum selbst ist unbeweglich: Er betrachtet die vergehende Zeit wie eine Kuh einen vorbeifahrenden Zug). Die Newtonsche Zeit ist also ein idealisierter Begriff, und einige haben über die platonischen Anklänge seiner Definition gespottet. Gottfried Wilhelm Leibniz (1646-1716) war einer von denen, die dem absoluten Charakter der Newtonschen Zeit widersprachen. Er erklärte, daß weder die Zeit noch der Raum außerhalb der Objekte existieren, die auf logische Art und Weise von ihnen verknüpft werden.

Die große Überzeugungskraft der Newtonschen Zeit liegt darin, daß sie mit einer bemerkenswerten Leistungsfähigkeit die Grundlage für die Prinzipien der Mechanik bildet. Bekanntlich beschreibt diese die Bewegung von Körpern im Raum, indem sie deren Position in aufeinan-

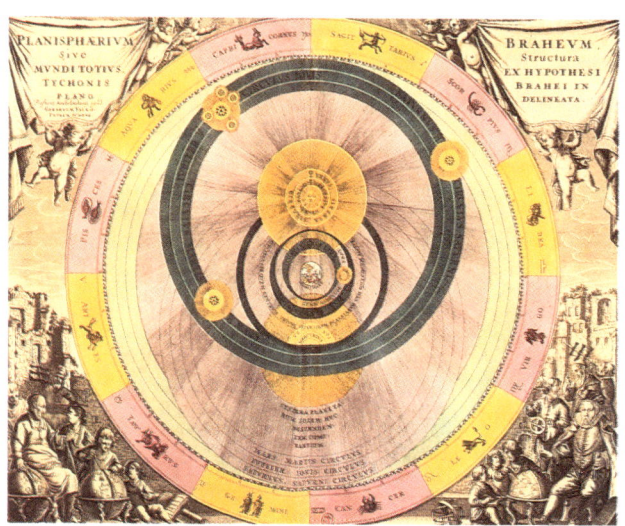

**Sphärenklänge**

*Entweder ist das Universum ein starres, unveränderlichen Gesetzen gehorchendes System, in dem nichts wirklich passiert – dann muß die Physik der Formalismus des Zeitlosen sein. Oder das Universum erhebt sich aus einer realen Entwicklung, die es irreversibel verändert – dann muß die Physik klar und deutlich Protokoll über seine Veränderungen führen.*

*Sternenkarte des Tycho-Brahe-Systems, Auszug aus dem* Atlas céleste *(Himmelsatlas) von Andrea Celatius, 1708.*

Ph. © Coll. E.S./Explorer.

derfolgenden Momenten angibt. In diesen Bahnberechnungen erscheint die Zeit als externer Parameter der Dynamik. Newton postulierte, daß dieser gleichförmig von der Vergangenheit in die Zukunft läuft, was somit beinhaltet, daß die Zeit immer im selben Sinn verläuft; man kann demnach von einem Zeitpfeil sprechen. Da man mit denselben Methoden Vergangenheit und Zukunft erforscht, ist diese Zeit aber seltsamerweise in Wirklichkeit reversibel. Bei jeder Bewegung von der Vergangenheit in die Zukunft assoziiert die Mechanik die Existenz einer symmetrischen Bewegung von der Zukunft in die Vergangenheit: Vergangene Mondfinsternisse lassen sich ebenso mühelos bestimmen wie zukünftige, und auf dem Papier könnten sich die Planeten auch andersherum drehen. Alles, was die Natur macht, könnte sie nach dem gleichen Schema auch wieder rückgängig machen. In der idealen, reibungsfreien Bewegung besitzt die Newtonsche Zeit also keine Orientierung. Sie erschafft nichts, aber sie zerstört auch nichts. Sie gibt nur den Takt vor und markiert die Bahnen. Newton hat also eine bedingungslos neutrale Zeit erfunden, seine Mechanik reduziert Vergangenheit und Zukunft allein auf den gegenwärtigen Zeitpunkt. Genau das bemerkte Pierre Simon, Marquis de Laplace, 1814 in einem berühmten Text: »Ein Geist, der für einen Augenblick alle Kräfte, die die Natur beleben, und die Lage aller Dinge, aus denen sie besteht, kennen würde, könnte in derselben Formel die Bewegung der größten Körper des Weltalls und die des kleinsten Atoms einschließen. Für ihn würde nichts unbestimmt sein und die Zukunft wie die Vergangenheit würden offen vor ihm liegen.«

In der Newtonschen Physik wirft der Begriff der Simultanität, d.h. der Gleichzeitigkeit, keine prinzipiellen Schwierigkeiten auf. Um ihre Uhren zu synchronisieren, müssen zwei Experimentatoren nur Lichtsignale austauschen. Das können sie ohne Verzögerung machen, da sich das Licht nach Newton mit unendlich hoher Geschwindigkeit ausbreitet. Im Anschluß können sie feststellen, daß die Simultanität ihrer Uhren bestehen bleibt, was immer sie auch tun. Sie können sich, ohne jemals daran zweifeln zu müssen, auf die gemeinsame, universelle Zeit beziehen, die mit ihrer individuellen Zeit übereinstimmt. Es gibt nur eine Zeit, und die ist für alle gleich.

Obwohl die Newtonsche Zeit absolut und universell ist, fehlt es ihr an Konsistenz und Realität. Indem sie ewig und unzerstörbar ist, verläuft sie unabhängig von allen Vorgängen im Universum immer identisch zu sich selbst. Einer solchen Zeit unterworfen, kann das Universum keine Geschichte haben. In einem gewissen Sinn hat Newton die Zeit »außerhalb der Zeit« gestellt. In diesem Zusammenhang kann man sich berechtigterweise die Frage stellen, ob eine solche Konzeption, in der das Universum als ewig und unveränderlich angenommen wird, nicht unbewußt ein Argument gegen jede Art von Evolutionstheorien (darwinistisch, kosmologisch) darstellt und somit den Standpunkt der Kirche unterstützt. Aber wie könnte sich das Leben auf der Erde progressiv weiterentwickeln, wenn es der statischen und deterministischen Welt einer offiziellen Wissenschaft ausgesetzt wäre?

### Die Thermodynamik schießt den ersten Pfeil ab

*Ein gespannter Bogen,*
*der ganz auf das Abschießen des Pfeils*
*ausgerichtet ist.*
Bossuet, *Traité de la connaissance de Dieu*

Die Abwesenheit des Zeitpfeils im Newtonschen Schema wurde von einigen Gelehrten des 19. Jahrhunderts als echter Skandal empfunden. Ludwig Boltzmann, Willard Gibbs, Ernst Zermelo, Joseph Loschmidt und in letzter Zeit Ilja Prigogine (Nobelpreis für Chemie im Jahr 1977) haben diesen Umstand als widernatürlich bezeichnet. Denn es gibt Ereignisse, die nur in einer Richtung ablaufen können und demnach die Richtung eines Zeitpfeils annehmen – sogar die große Mehrheit der von uns erlebten Ereignisse ist irreversibel (sehr zum Leidwesen von Marcel Proust, wie man weiß). Noch nie hat jemand jemals gesehen, daß sich eine Tasse Schokolade spontan wieder erwärmt hätte. Noch nie hat jemand gesehen, daß sich ein Lebewesen verjüngt hätte – was auch immer die Verkäufer von Schönheitscremes behaupten mögen –, und wir wissen, daß sich in der Geschichte eine Gelegenheit nicht ein zweites Mal bietet. Aus diesem Grund lachen wir, wenn ein Film rückwärts abgespielt wird (was ja den Verlauf der Zeit umkehrt). Allerdings stellt sich bei diesen Überlegungen die Frage, aus welchem Holz man den Pfeil schnitzt. Oder, anders gesagt, wie kann man den Verlauf der Zeit in die Physik einbringen?

Zu Beginn des 19. Jahrhunderts wollte Sadi Carnot die theoretisch mögliche Effektivität der Dampfmaschine bestimmen, die zu dieser Zeit mit Nachdruck weiterentwickelt wurde. Er erkannte, daß die Umwandlung von Wärme in mechanische Energie durch den unumkehrbaren Verlauf, den die Umwandlung von Wärme annimmt – ausschließlich vom Warmen zum Kalten –, begrenzt ist. Offenbar besitzt Wärme eine besondere Eigenschaft, die eng mit der Irreversibilität zusammenhängt. Carnots 1824 erschienene *Réflexions sur la puissance motrice du feu* (dt.: *Betrachtungen über die bewegende Kraft des Feuers und die zur Entwicklung dieser Kraft geeigneten Maschi-*

*nen*) beinhalten die Anfänge des späteren zweiten Hauptsatzes der Thermodynamik, der 1865 seine endgültige Fassung von dem deutschen Physiker Rudolf Clausius erhielt. Dieses makroskopische Gesetz postuliert zunächst für jedes physikalische System die Existenz einer als Entropie* bezeichneten Größe. Die Entropie wird durch den Zustand des Systems festgelegt und bestimmt im wesentlichen den Grad der im System befindlichen Unordnung. Auch wenn dieses Konzept immer noch heftig debattiert wird, so besitzt doch ein Liter kaltes Wasser eine bestimmte Entropie, ein Liter heißes Wasser eine andere – die im vorliegenden Fall größer ist –, und beide Entropien können aus den experimentellen Bedingungen heraus berechnet werden. Der zweite Hauptsatz der Thermodynamik besagt nun vor allem, daß die Größe der in einem abgeschlossenen System enthaltenen Entropie nur zunehmen kann, egal welches physikalische Ereignis auch eintritt.

Nehmen wir ein Beispiel: Da die Entropien eines Zuckerstücks und einer Tasse ungezuckerten Kaffees zusammen geringer sind als die Entropie einer Tasse gezuckerten Kaffees, zwingt der zweite Hauptsatz das Zuckerstück, sich aufzulösen. Da die Entropie sich nur *im Laufe der Zeit* erhöhen kann, muß es demnach einen Zeitpfeil geben. Denn das gerade am Boden der Kaffeetasse zerfallende Zuckerstück wird niemals wieder seine ursprüngliche quaderförmige, weiße und trockene Gestalt annehmen. Durch diese Destrukturierung wird die vorgegebene Richtung deutlich, in der die Zeit verläuft; Zukunft und Vergangenheit werden klar unterscheidbar. Wie wir sehen werden, drückt die zunehmende Entropie eines abgeschlossenen Systems in Wirklichkeit einfach nur die diesem System innewohnende Tendenz aus, sich auf der molekularen Ebene zu einem Zustand größerer Wahrscheinlichkeit zu entwickeln; oder, was auf dasselbe hinausläuft, immer ungeordnetere Zustände anzunehmen. Wie uns unsere alltäglichen Erfahrungen zeigen, ist die Unordnung tatsächlich wahrscheinlicher als die Ordnung. Wenn bei einer Partie Bridge ein Mitspieler die Karten in einer perfekten Reihenfolge von As über König, Dame ... bis zur Zwei auf den Tisch legt und das nacheinander für alle vier Farben, so erscheint das sehr unwahrscheinlich. Wir werden den Mitspieler zu Recht für einen Betrüger halten, ganz gleich, was wir sonst von ihm denken! So ist der sogenannte thermodynamische Zeitpfeil nichts anderes als der Pfeil vom *Unwahrscheinlichen* zum *Wahrscheinlichen*, von der *Ordnung* zur *Unordnung*. Der zweite Hauptsatz scheint sich also mit unserer Erfahrung einer sehr wohl erkennbaren Richtung der Zeit zu decken. Zumindest auf den ersten Blick ...


## Ludwig Boltzmann erfindet die festgelegte Richtung

> *Das Wetter steht auf Zeit.*
> André Breton, *Der weißhaarige Revolver*

Wie immer in der Physik muß man die Dinge aus nächster Nähe betrachten. Unter den Gleichungen der Physik gibt es die sogenannten Fundamentalgleichungen, die das Verhalten der kleinsten zugrundeliegenden Teilchen berücksichtigen und somit im Prinzip alles erklären. Man bezeichnet sie als *mikroskopisch*, da sie im wesentlichen die »Elementarbausteine« (also Atome oder Moleküle) betreffen, aus denen sich die Materie in all ihren Formen zusammensetzt. In unserem Zusammenhang ist es wichtig zu wissen, daß alle mikroskopischen Gleichungen in der Physik reversibel sind. Gibt man der Zeitvariablen eine bestimmte Richtung, also zum Beispiel die Zukunft, so beschreiben die Gleichungen eine bestimmte Bewegung der Teilchen. Doch auch, wenn man die Richtung der Zeitvariablen umkehrt, so ändert sich die eben berechnete Bewegung nur insofern, als daß sie im umgekehrten Sinn durchlaufen wird. Keine dieser beiden Bewegungen kann als »physikalischer« als die andere bezeichnet werden.

Stellen wir uns nun die Moleküle als winzige Billardkugeln vor. Es ist klar, daß die zeitliche Umkehrung eines Zusammenstoßes zweier Moleküle immer noch ein Zusammenstoß zweier Moleküle bleibt, auch wenn dieser Zusammenstoß sich von dem ersten unterscheidet. Denn auch die zeitliche Umkehrung eines Zusammenpralls zweier Billardkugeln bleibt immer noch ein Zusammenprall zweier Billardkugeln. Es gibt demnach kein Mittel festzustellen, welches der beiden Szenarien zum wirklichen Ablauf der Zeit gehört. Wenn man, anders gesagt, ein mikroskopisches Ereignis filmt und durch das Rückwärtsabspielen des Films den Ablauf des Ereignisses umkehrt, so würde kein Zuschauer die Manipulation erkennen. Deswegen nennt man die mikroskopischen Gleichungen reversibel. Letztendlich beschreiben sie Teilchen, die wie Tim, der Held des Comics *Tim und Struppi,* niemals älter werden. Neben diesen Gleichungen gibt es allerdings andere, weniger fundamentale, die das allgemeine Verhalten der Materie beschreiben. Da diese

Gleichungen Phänomene behandeln, die sich im Umfeld uns vertrauter Maßstäbe abspielen, nennt man sie *makroskopisch*. Sie sind irreversibel. So beschreibt zum Beispiel die von Joseph Fourier 1811 aufgestellte Wärmegleichung die Ausbreitung der Wärme in einer Umgebung, die keine Unregelmäßigkeiten und keine Lücken besitzt. Demzufolge kann Wärme nur in der Richtung von warm nach kalt zirkulieren und nicht umgekehrt – was übrigens sehr gut so ist. Was würden wir für Ängste auszustehen haben, wenn unser Badewasser je nach Lust und Laune teilweise gefrieren, teilweise zu kochen anfangen würde. Es geht doch nichts über ein gutes physikalisches Prinzip, das uns bei der Körperpflege sowohl vor Erfrierungen als auch vor Verbrennungen bewahrt.

Wichtig ist hierbei, daß sich die makroskopischen Gleichungen im Prinzip aus den mikroskopischen herleiten lassen sollten. Denn ein umfassenderes Verhalten ist a priori nichts anderes als das Zusammenspiel einer großen Anzahl von Elementarereignissen. Trotzdem sind die einen reversibel und die anderen nicht. Wie kann man diese Ansätze vereinen? Wie ist es möglich, die Existenz der Entropie zu erklären, die in bezug auf die Zeit ja unsymmetrisch ist, wo man doch weiß, daß die mikroskopische Entwicklung der Materie symmetrisch verläuft? Dieses Problem ist ebenso schwierig zu lösen wie dasjenige, das schon die griechischen Philosophen verwirrte: Wie kann es sein, fragten sie sich, daß die Körper sichtbar sind, wo sie doch alle aus unsichtbaren Atomen zusammengesetzt sind? Durch welches Wunder kann das Unsichtbare etwas Sichtbares bilden?

Um die Frage der Irreversibilität zu vertiefen, versuchte der österreichische Physiker Ludwig Boltzmann

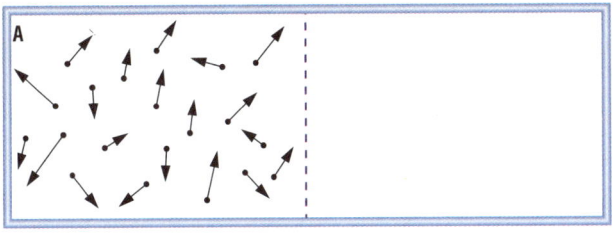

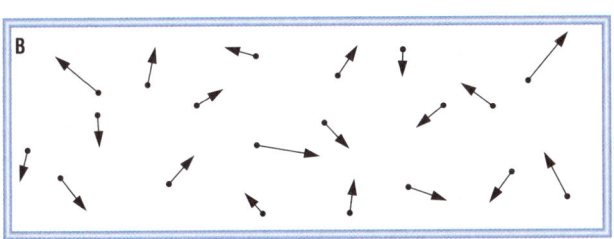

**Die Ausdehnung eines Gases**
*Wenn einem Gas, das ursprünglich in das Volumen $V_A$ eingeschlossen ist, plötzlich ein doppelt so großes Volumen $V_B = 2\,V_A$ zur Verfügung gestellt wird, zeigt die Erfahrung, daß das Gas nach einer solchen spontanen Ausdehnung immer gleichmäßig das ganze Volumen $V_B$ einnimmt. Diese Entwicklung verdeutlicht den Ablaufsinn der Zeit, da niemals ein Übergang von der Anordnung (B) zur Anordnung (A) beobachtet wird.*

(1844-1906), eine Verbindung zwischen der Newtonschen Mechanik und dem zweiten Hauptsatz der Thermodynamik herzustellen. Er fragte sich, ob man durch die Vereinigung von reversiblen mikroskopischen Gleichungen eine irreversible makroskopische Gleichung erhalten könne. Da es unmöglich ist, das Verhalten einer sehr großen Anzahl von Teilchen konsequent mit einzubeziehen, suchte Boltzmann Hilfe in den Gesetzen der Statistik. Dazu mußte er die genaue Berechnung der Teilchenbahnen zugunsten von Wahrscheinlichkeitsrechnungen aufgeben. Das erlaubte ihm, die Entwicklung der Geschwindigkeitsverteilung der Moleküle eines verdünnten Gases (zum Beispiel der Luft in der Atmosphäre) zu studieren. 1872 zeigte er, daß man eine $H$ genannte mathematische Größe herleiten kann, die von Ort und Geschwindigkeit der Gasmoleküle abhängt und folgende bemerkenswerte Eigenschaft besitzt: Beim Fortschreiten der Entwicklung in Richtung des Gleichgewichts kann $H$ unter dem Einfluß der Stöße zwischen den Molekülen nur abnehmen oder konstant bleiben. Wenn es konstant bleibt, dann befindet sich das Gas bereits im Gleichgewicht (in diesem Fall scheint die Zeit stehenzubleiben).

Die Größe $H$ ist also allem Anschein nach bis auf das Vorzeichen das mikroskopische Analogon der Entropie. Demnach führt die statistische Verbindung der reversiblen Gleichungen der Teilchendynamik zu einer irreversiblen makroskopischen Gleichung. In der Folge versuchte Boltzmann, dieses Resultat auf beliebige Systeme anzuwenden. Das führte ihn zu einer Interpretation der Irreversibilität als Resultat einer Entwicklung von einem unwahrscheinlichen zu einem wahrscheinlicheren Makrozustand. Dabei bringt diese mehr oder weniger große Wahrscheinlichkeit die größere oder kleinere Anzahl von Mikrozuständen zum Ausdruck, die mit dem Makrozustand verträglich sind. Die von Boltzmann vorgeschlagene Definition der Entropie ist dann – bis auf einen Vorfaktor – der Logarithmus der Anzahl der möglichen Mikrozustände. Entwickelt sich ein System von einem Makrozustand kleiner Wahrscheinlichkeit zu einem Makrozustand größerer Wahrscheinlichkeit, dann steigt als

Konsequenz die Entropie. So taucht am Ende dieser Rechnungen auf einmal fast wundersamerweise der sehnlichst erhoffte Zeitpfeil auf.

## Ist die Zeit nur eine Illusion?

*Man braucht dicke, fette Illusionen,*
*dann hat man weniger Schwierigkeiten,*
*sie zu nähren.*
Jules Renard, *Journal*

Ist das Problem der zeitlichen Asymmetrie nun endgültig gelöst? Sicherlich nicht, denn die soeben zitierten Überlegungen interpretieren die Irreversibilität nur als eine den makroskopischen Systemen eigene statistische Eigenschaft – solche Systeme besitzen eine große Anzahl von sogenannten Freiheitsgraden. Aber in diesem Zusammenhang bleibt trotzdem die »reale«, ultimative oder, anders gesagt, die mikroskopische Realität reversibel. Demnach wäre die Irreversibilität wohl eine statistische Illusion, eine nur bei komplexen Systemen auftauchende Eigenschaft. Wenn man den Dingen auf den Grund ginge, gäbe es keine Orientierung der Zeit, sie wäre nur scheinbar in einem größeren Maßstab vorhanden, und die beobachtete Irreversibilität wäre dann eine Folgeerscheinung und kein generelles Prinzip. Da sie auf Gesetzen aufbaut, die sie ausdrücklich verneinen, wäre sie in Wirklichkeit beherrscht von Reversibilität und zeitlicher Symmetrie.

Aus diesem Grund verliert das Argument, mit dem wir den wirklichen Ablauf der Zeit untermauern wollten

– die Zunahme der Entropie – seine Überzeugungskraft. Von hier aus ist es nur noch ein winziger Schritt zu der Aussage, daß die Zeit nichts anderes ist als eine Illusion. Hat nicht sogar Einstein festgestellt, daß »die Unterscheidung zwischen Vergangenheit, Gegenwart und Zukunft für uns eingefleischte Physiker nur eine, wenn auch hartnäckige Illusion ist?« (Brief vom 21. März 1955 an die Familie des verstorbenen Freundes, Michele Besso) Seine Meinung hierzu war nicht immer so radikal – vielleicht wollte er nur die Angehörigen des Verstorbenen trösten? –, aber auf jeden Fall hoffte Einstein, den Begriff der Irreversibilität eliminieren zu können, in dem er die Physik auf eine pure »geschichtslose« Geometrie zurückführte.

Im Gegensatz dazu haben sich andere Physiker hartnäckig geweigert, die von ihnen als ursprünglichste Erfahrung des menschlichen Lebens angesehene Zeit als Illusion anzusehen. Sie behaupten, daß es eine *wahre* Zeit gibt, eine Zeit, die die Physik bisher weder erklären noch sehen oder in ein Schema einbinden konnte, und weigern sich auch heute noch anzuerkennen, daß sich die Irreversibilität nur aus unserer menschlichen Subjektivität oder unserer Unkenntnis der kleinsten Details ergibt. Ihrer Meinung nach muß der Physik etwas Wesentliches entgangen sein. Ilja Prigogine, der diesen Standpunkt mit großem Nachdruck vertritt, gibt zu, welchen Einfluß ein bestechender Aphorismus Henri Bergsons auf ihn ausgeübt hat: »Die Zeit ist Erfindung, oder sie ist überhaupt nichts«, wobei das Wort Erfindung hier im Sinne von etwas Neu-Erschaffenem und nicht im Sinne eines Trugbilds zu verstehen ist. Unter diesem Einfluß hat Prigogine sich entschieden, auf die Suche nach der verlorenen

Zeit in der Physik zu gehen. »Entweder«, so verkündet er, »existiert die Irreversibilität auf allen Ebenen, oder sie existiert überhaupt nicht.« Nehmen wir als Beispiel die Moleküle in einem Glas Wasser. Wird das Glas Wasser älter? Ja, behauptet Prigogine. Die Moleküle in dem Glas stoßen zusammen. Das stellt eine Verbindung zwischen ihnen her, genauso wie von dem Treffen zweier Menschen eine Erinnerung zurückbleibt. Diese Verbindungen beeinflussen den Verlauf der Zusammenstöße und schaffen dadurch eine präzise Chronologie. Nach Prigogine entspricht die Richtung der Verbindungen einer temporellen Orientierung.

Übrigens zieht Prigogine auch Schlüsse aus der aktuellen Erforschung der sogenannten chaotischen Systeme*. Diese Systeme sind durch ihre extreme Empfindlichkeit bezüglich der »Anfangsbedingungen« gekennzeichnet. Das bedeutet, daß zwei von der gleichen Entwicklungsgleichung bestimmte Systeme, deren Anfangszustände einander noch so ähnlich sein können, eventuell trotzdem extrem unterschiedliche Entwicklungen durchlaufen werden. Sie streben während ihrer Entwicklung exponentiell auseinander, bis die Unterschiede so groß geworden sind, daß ihr gemeinsamer Ursprung wie vergessen ist und seine Spur sich verloren hat. Anders gesagt: So genau wir auch die Anfangsbedingungen eines chaotischen Systems festlegen – und dabei sind Geräte vorstellbar, die Zahlen auf Tausende von Nachkommastellen genau bestimmen –, irgendwann wird der Moment kommen, an dem uns diese Anfangsinformation keinen Nutzen mehr bringt. Dieser Moment markiert eine Art zeitlichen Horizont, hinter dem man die Zukunft des Systems nur noch durch die Verwendung unbefriedigender Wahrscheinlichkeiten bestimmen kann. Jedes chaotische System scheint irreversibel auf eine Art Gleichgewicht hin zu steuern. Obwohl ihm hier widersprochen wird, versucht Prigogine daher die Physik dieser Systeme zu verwenden, um die Dynamik zu erweitern und so dem Zeitpfeil eine physikalisch intrinsische Richtung zu geben.

Die Aussage: »Es gibt keinen Zeitpfeil, aber auf dem makroskopischen Niveau wird die Illusion eines Zeitpfeils erzeugt«, könnte man mit Prigogine umwandeln – ohne unbedingt seine Argumentation zu übernehmen – in: »Es gibt einen Zeitpfeil, aber auf dem mikroskopischen Niveau wird die Illusion erzeugt, es gäbe keinen.« Somit ist dann Irreversibilität nicht mehr eine Frage des Standpunkts, sondern ein fester Bestandteil der Natur.

Als logische Konsequenz wird der zweite Hauptsatz der Thermodynamik zum Hauptprinzip der gesamten Physik. Das Konzept des Werdens (des Anwachsens der Entropie) läßt das Konzept des Seins (der Teilchen und anderer physikalischer Objekte) hinter sich; die Idee der Entwicklung überflügelt die reine Existenz – und Heraklit, der Fürsprecher der Bewegung, setzt sich gegenüber Parmenides, dem Anhänger des Stillstands, durch. Aufgrund dieser neuen Sicht, die einer kopernikanischen Minirevolution gleicht, könnte die Idee der Historizität Einzug halten ins Zentrum der Physik. Auch die Vorstellung vom Alter würde zumindest für Systeme, die sich nicht im Gleichgewicht befinden, einen Sinn bekommen. Dabei bliebe zu untersuchen, wie es dem Zeitpfeil gelingen wird, ein so harmonisches Gefüge wie die klassische Mechanik zu durchdringen, die den in ihr enthaltenen Aussagen der Irreversibilität so offensichtlich gleichgültig gegenübertritt.

Ein anderer Einwand gegen die Irreversibilität ergibt sich aus dem 1889 von dem französischen Mathematiker Henri Poincaré bewiesenen Wiederkehr-Theorem. Es handelt von klassischen Systemen, deren Entwicklung deterministischen Gesetzen unterliegt – und deren genannte spätere Entwicklung man bei Kenntnis der Anfangsbedingungen im Prinzip berechnen kann. Poincarés Theorem besagt nun, daß ein System mit diesen Eigenschaften letztlich früher oder später – auf jeden Fall aber im Laufe einer endlichen Zeit – in einen Punkt zurückkehren wird, der beliebig nahe bei dem Ausgangspunkt liegt. Anders ausgedrückt: Die Entropie könnte abnehmen und zu ihrem Ausgangswert zurückkehren – gewissermaßen eine ewige Wiederkehr. So würde zum Beispiel ein Gas, das sich ausgedehnt hat, wieder in seine komprimierte Ausgangslage zurückkehren, wenn man nur lange genug darauf wartet. Wenn also Ihr Fahrradreifen einen Platten hat, bräuchten Sie keine Luftpumpe, sondern nur Flickzeug, Kleber und … Geduld – sehr, sehr viel Geduld, denn die Wiederholungszeit ist selbst für Systeme mit nur wenigen Teilchen sehr lang und übertrifft die Lebensdauer des Universums. Die in dem Satz von Poincaré beschriebene theoretische Wiederkehr hat also niemals genügend Zeit, in Erscheinung zu treten, und entspricht deshalb einer faktischen Irreversibilität. Eine Luftpumpe wäre dann vielleicht doch gar nicht so schlecht.

# Moderne Zeiten suchen verzweifelt Vereinheitlichung ...

*Mit tut ... meine Zeit weh!*
Paul Valéry, *L'Idée fixe*

Die soeben beschriebene klassische Physik steht nicht allein da. Die moderne Physik besteht auch aus der speziellen Relativitätstheorie, der allgemeinen Relativitätstheorie, der Quantenmechanik, der Feldtheorie, der Kosmologie – kurz gesagt aus vielen Formalismen, die sich teilweise ergänzen, teilweise auch widersprechen. Versuchen wir wenigstens im Hinblick auf den Begriff der Zeit ein bißchen Ordnung in dieses Gewimmel zu bringen.

## Die spezielle Relativitätstheorie oder die dehnbare Zeit

Einstein (1879-1955) sieht als – zumindest zeitweise – guter Schüler von Ernst Mach (1838-1916) Zeit und Raum nicht als a priori gegeben an. Für ihn ist die Zeit das, was wir mit unseren Uhren messen können; der Raum das, was wir mit unseren Maßen messen können. Sehr pragmatisch geht er an das Problem heran, das auftaucht, wenn zwei Beobachter, die sich in unterschiedlichen Bezugssystemen befinden, die Dauer zwischen zwei Ereignissen messen. Einstein zeigt, daß diese Messungen nicht dasselbe Ergebnis liefern.

Das ist die große Aussage der speziellen Relativitätstheorie, die im Jahre 1905 der allgemeinen Konfusion bezüglich des Äthers, des Mediums, in dem sich angeblich die Lichtwellen ausbreiten sollten, ein Ende setzte. Einstein führte mit der speziellen Relativitätstheorie das Konzept der Raumzeit ein und ersetzte damit die bis dahin getrennten Konzepte Raum und Zeit. Wechselt man in der Raumzeit das Bezugssystem, so verwandelt sich die Zeit teilweise in Raum und der Raum teilweise in Zeit. Um in der Raumzeit von einem Koordinatensystem mit einer gleichförmigen Bewegung – d.h. einer Bewegung, die weder gebremst noch beschleunigt wird –, zu einem anderen Koordinatensystem zu wechseln, führt man im Rahmen der speziellen Relativitätstheorie eine sogenannte Lorentztransformation durch, die sich durch dieses charakteristische »Mischen« räumlicher und zeitlicher Koordinaten auszeichnet. Damit steht es jetzt nicht mehr zur Debatte, die »Zeit sich selbst zu überlassen«. Einstein jedenfalls spricht sich absolut dagegen aus. Zeit und Raum sind relativ geworden und vermischen sich.

Dieses Resultat steht im krassen Widerspruch zu den vertrauten Vorstellungen. Die Möglichkeit der Vermischung von Zeit und Raum ist ja auch wirklich überraschend, wo doch jeder weiß, daß die Zeit im Gegensatz zum Raum vergänglich ist. Als philosophische Konsequenz aus dem neuen Bündnis zwischen Raum und Zeit verliert die Zeit ihr Newtonsches Ideal. Sie hört auf, außerhalb des Raums zu stehen, und unterstellt sich damit der Dynamik. Als praktische Konsequenz verlangsamen sich die Schläge der Uhren, sobald sie sich mit hoher Geschwindigkeit im Raum fortbewegen.

Diese Verlangsamung der Uhren, die die Dehnbarkeit der Zeit in der Relativitätstheorie angibt, beobachtet man bei instabilen Elementarteilchen, z.B. sogenannten Myonen. Myonen sind eine Art schwere Elektronen, die auf natürliche Weise durch kosmische Strahlung in der oberen Atmosphäre oder künstlich durch Kollisionen von Teilchen erzeugt werden, die auf hohe Energien beschleunigt werden. Ihre mittlere Lebensdauer $\tau$ (*tau*) beträgt ungefähr $2,2 \cdot 10^{-6}$ Sekunden.

Das Zeitintervall, das zwischen der Entstehung eines Myons und seinem Verschwinden gemessen wird, stimmt jedoch nach der Relativitätstheorie nicht mit der »reinen« Lebenszeit $\tau$ eines Myons überein, das an ein und derselben Stelle des Raumes geboren wird und stirbt. Die Experimente bestätigen diese Annahme.

$\tau$ gilt also nur, wenn ein Myon unbeweglich im Raum steht. Andernfalls hängt dessen effektive Lebensdauer – und damit die Länge der von ihm durchlaufenden Bahnkurve – von seiner Energie oder, anders gesehen, von seiner Geschwindigkeit ab: Je schneller es ist, desto länger ist es »haltbar«. Bewegt sich das Teilchen annähernd mit Lichtgeschwindigkeit durch das Vakuum, so hat es die Möglichkeit, eine erheblich längere Zeit als $\tau$ zu existieren (vgl. S. 113ff. im Anhang). Ist demnach jede Reise eine Verlängerung der Jugend?

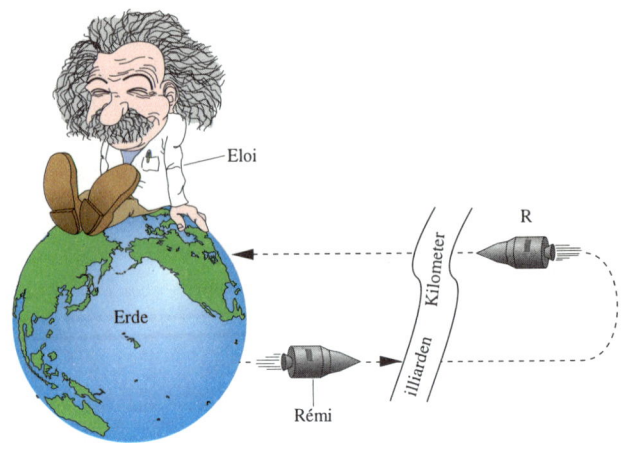

---

**Das Zwillingsparadoxon von Langevin ...**

*Der eine der beiden Zwillinge reist schnell und weit, der andere bleibt auf der Erde. Bleiben sie Zwillinge?*

## Das Zwillingsparadoxon

*Er öffnet das Fenster.*
*Einen Augenblick später kehrt er von einem*
*mehrstündigen Flug zurück.*
Henri Michaux

Die untrennbar mit der Relativitätstheorie verbundene Verlangsamung der Uhren wurde 1911 von dem französischen Physiker Paul Langevin auf eine provokante Art durch ein sehr berühmtes Paradoxon veranschaulicht, das sogenannte Zwillingsparadoxon. Was besagt es? Nehmen

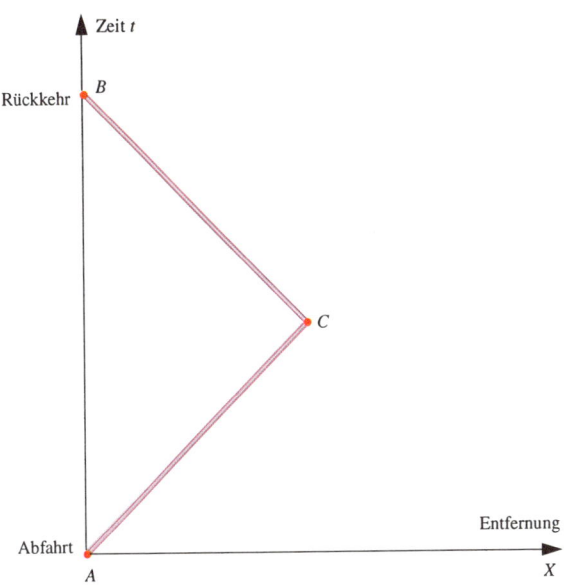

Zeit *t*

Rückkehr   *B*

*C*

Entfernung

Abfahrt

*A*   *X*

## ... und die Reisen in der Raumzeit

*Dieses Diagramm stellt die Bahnen der Zwillinge im Bezugssystem Erde dar. Eloi begnügt sich damit, an einem Ort zu bleiben und durchläuft die Strecke AB in der Raumzeit. Der reisende Zwillingsbruder Rémi entfernt sich zunächst von der Erde und durchläuft dabei die Strecke AC. In C dreht er um und kehrt zur*

*Erde zurück und folgt dabei der Strecke CB.*

*Die im Anhang zusammengefaßte Relativitätstheorie erklärt, daß die von Rémi räumlich-zeitlich zurückgelegte Entfernung ACB entgegen dem Anschein des Schemas kürzer ist als die von Eloi (AB). Der reisende Zwilling kehrt jünger zurück als sein ruhender Bruder und ist somit nicht mehr sein Zwilling ...*

wir an, die beiden Zwillinge Rémi und Eloi befinden sich mit ihren synchronisierten Uhren ursprünglich in Ruhestellung auf der Erde (Vorsicht: Daß sich die beiden in Ruhestellung befinden, heißt nicht, daß sie ein Mittagsschläfchen machen, sondern daß sie genau dort bleiben, wo sie sind). Eines schönen Morgens fliegt Rémi an Bord einer Rakete in den Weltraum und erreicht dort eine Geschwindigkeit nahe der Lichtgeschwindigkeit – unnötig zu sagen, daß eine so schnelle Rakete nicht existiert, denn das vorgestellte Experiment ist ein Gedankenexperiment, das sich nicht an den realen Gegebenheiten orientiert. Eloi ist häuslicher, liebt die Gartenarbeit und bleibt bei sich zu Hause. Nach einer bestimmten Zeit kehrt Rémi auf die Erde zurück und vergleicht nun mit Eloi die Zeiten, die für sie beide jeweils verflossen sind. Merkwürdigerweise stimmen diese nicht überein. Rémi und Eloi sind jetzt keine Zwillinge mehr, sondern nur noch Brüder. Der »statische« Eloi ist älter geworden, für ihn ist mehr Zeit vergangen als für Rémi. So seltsam dieses Ergebnis erscheint, so stimmt es doch vollkommen mit den Voraussagen der Relativitätstheorie überein und wurde zwar nicht mit Menschen, aber mit Atomuhren, die sich an Bord von sehr schnellen Flugzeugen befanden, experimentell bestätigt. So bleibt die tröstliche Erkenntnis, daß sehr schnelles Reisen die Jugend zwar nicht zurückbringen, sie aber doch immerhin bewahren kann.

Eine solche Dehnbarkeit der Zeit verändert die Dinge in hohem Maße. Solange man an eine allgemeingültige Zeit glaubte, konnte man sagen, daß die Vergangenheit nicht mehr und daß die Zukunft noch nicht da seien und daß einzig und allein die Gegenwart existiere. Die Relativitätstheorie erklärt solche Ansichten für überholt: Ereignisse, die für den einen Beobachter in der Zukunft liegen, sind für einen anderen bereits Vergangenheit und für einen dritten Gegenwart.

Was für einen selbst also gerade gegenwärtig ist, ist für jemand anderen, der sich im Verhältnis zu mir in Bewegung befindet, nicht mehr oder noch nicht passiert. Das Wort »jetzt« wird mehrdeutig, da das Konzept der Simultanität seinen Sinn verliert. Von nun an existieren so viele Zeitmesser, wie es Gegenstände in gleichförmiger Bewegung gibt – und diese Uhren kann man nicht synchronisieren. Wenn man dies zu einem bestimmten Zeitpunkt versucht, dann stimmen die angezeigten Uhrzeiten schon einige Momente später nicht mehr überein. Jeder Beobachter hat den Eindruck, daß die Zeit, die von einer anderen Uhr als der seinen angezeigt wird, »gedehnt« wird, daß diese Uhren langsamer gehen. Die Zeit besitzt also kein Eichmaß mehr. Wie ist in einem solchen Gewirr der eigentliche Status der Zeit?

Einen ganz besonderen Stellenwert innerhalb des Einsteinschen Relativitätsprinzips hat die Aussage, daß die Beschreibung von Vorgängen und vor allem die Lichtausbreitung im Vakuum nicht von der Wahl des Beobachtungssystems abhängt, wenn es sich dabei um ein Inertialsystem* handelt – in solch einem System bewegt sich jeder Körper, auf den keine Kraft wirkt, geradlinig und gleichförmig. Die Lichtgeschwindigkeit ist endlich und für alle Bezugssysteme gleich, die sich im Vergleich zu irgendeinem anderen Inertialsystem in einer geradlinig gleichförmigen Bewegung befinden.

Das stellt einen fundamentalen Bruch mit der Newtonschen Vorstellung von Raum und Zeit dar. Denn wenn in einem gewöhnlichen Raum die Entfernung zwischen zwei Punkten Null wird, so stimmen die beiden Punkte notwendigerweise überein – eine Kugel mit dem Radius Null ist mit ihrem Mittelpunkt identisch.

Wenn aber in der Einsteinschen Raumzeit der Abstand $s$ zwischen zwei Ereignissen Null wird, so können die Entfernung $d$ und Dauer $t$ zwischen diesen Ereignissen beliebig groß sein, wenn ihr Quotient $d/t$ gleich der Lichtgeschwindigkeit ist. Ursache hierfür ist die Definition von $s$ durch die Beziehung $s^2 = d^2 - c^2 \cdot t^2$ (wie im Anhang gezeigt wird, hängt der Wert von $s$ nicht von dem Bezugssystem ab, in dem man $s$ berechnet). Deshalb sind die am weitesten entfernten Objekte, die von unseren Teleskopen empfangen werden, auch die ältesten (einige zehn Milliarden von Jahren), auch wenn sie uns in ihrer blühendsten Jugend erscheinen. In Wirklichkeit sehen wir sie in dem längst vergangenen Zustand, als sie das Licht aussendeten, das uns heute ihre Existenz verrät. Aber trotz dieser gigantischen Entfernung befinden sich diese Objekte im relativistischen Sinn im Abstand Null von uns!

Das uns von den Teleskopen gezeigte Bild ist nicht das Bild der Gegenwart. Alle beobachteten Objekte befinden sich nicht mehr in dem von uns gesehenen Zustand. Infolgedessen ist der relativistische Physiker verpflichtet, sich ständig die Raumzeit in ihrer Gesamtheit vor Augen zu führen und somit alle Ereignisse – an allen Orten und zu allen Zeiten – vom Ursprung bis zum Ende des Universums zu betrachten. Daher neigt er dazu, sich eine statische Vorstellung von der Raumzeit zu machen, in der die Raumzeit in ihrer ganzen räumlichen und zeitlichen Weite entwickelt ist. Dann stellt der Physiker Gesetze auf, als ob die Raumzeit vollkommen entwickelt, unbeweglich und eingefroren wäre. In seinen Augen verliert die Zeit in dem Moment ihre spezifische Größe, in dem die Relativitätstheorie die Rechts-Links-Symmetrie des Raumes der Symmetrie zwischen Vergangenheit und

Zukunft gleichsetzt. Deshalb kann man sagen, daß die Relativitätstheorie die Zeit »verräumlicht« und sie damit ihrer Eigenschaft irreversibler Größe beraubt. Wäre da nicht die natürliche Bescheidenheit des Physikers, so könnte er sich mit der Relativitätstheorie fühlen, als bewege er sich wie eine Art Gott in der Ewigkeit.

## Zeit und Gravitation

> *Statt Zeitreisen zu ermöglichen,*
> *wäre es wichtiger,*
> *das Wetter wäre schön!*
> Raymond Devos, *La Quatrième Dimension*

Wenden wir uns nun der Gravitation und ihrer heute als richtig angesehenen Theorie zu: der allgemeinen Relativitätstheorie Einsteins. Wenn man ihren Aussagen Glauben schenkt, so ist die Gravitation keine Kraft, die zwischen zwei verschiedenen materiellen Gegenständen im Universum wirkt. Sie ist vielmehr eine *geometrische* Eigenschaft des Universums selbst. Diese Eingliederung der Gravitation in die Raumzeit zwingt letztere, sich zu verformen, *gekrümmt* zu werden. Innerhalb dieser gekrümmten Raumzeit durchlaufen Zeit, Raum und *auch* die Materie gewisse gemeinsame Entwicklungen, die übrigens sehr kompliziert sind. Tatsächlich sehen die Einsteinschen Gleichungen vor, daß die Dichten von Masse und Energie selbst die Struktur der Raumzeit bestimmen und daß es wiederum diese Struktur ist (die man die »Metrik« der Raumzeit nennt), die Dynamik und Bahnen der im Universum vorhandenen Objekte festlegt.

In einem solchen Kontext hat nicht nur die Geschwindigkeit der Beobachter, sondern auch die Masse (die Intensität des Gravitationspotentials) einen direkten Einfluß auf die Geschwindigkeit des Ablaufs der Zeit. So spricht man nun von gravitationellen Verschiebungen und von zeitlichen Verzögerungen. Das sind Effekte, die experimentell bestätigt wurden. Wenn man »schwer« ist, dann wird dies zu einer Variante davon, sich »Zeit zu nehmen«.

Man könnte erwarten, daß die von der speziellen Relativitätstheorie angenommene statische Sichtweise der Raumzeit von der Kosmologie bestätigt wird. Doch im Gegensatz dazu haben die Physiker sich heute quasi einhellig auf spezielle Modelle des Universums geeinigt, deren Ursache in einem *Big-bang* liegt. In diesen Modellen herrscht eine an die Expansion des Universums* gebundene kosmologische Zeit. Ohne mit der newtonschen absoluten Zeit übereinzustimmen, teilt sie mit ihr doch die Eigenschaft, *universell* zu sein: Beobachter, die keiner Beschleunigung unterworfen sind und keiner gegenseitigen gravitationellen Einwirkung unterliegen, können tatsächlich ihre Uhren synchronisieren, die dann während der gesamten Entwicklung des Universums übereinstimmen. Außerdem fließt diese kosmologische Zeit immer in derselben Richtung. Sie besitzt eine Orientierung und erlaubt somit, die Spur der Geschichte des Universums zurückzuverfolgen. Im Gegensatz zu den Annahmen Newtons kann diese kosmologische Zeit aber nicht als a priori gegeben angesehen werden, da ihre Eigenschaften vom Inhalt des Universums bestimmt werden. Da die kosmologische Zeit vom gewählten kosmologischen Modell abhängt, kann sie nicht einfach als absolut betrachtet werden. Insbesondere ist es schwierig, sie als den Hintergrund anzusehen, vor dem sich unsere Wahrnehmungen abspielen. Man kann sich sogar fragen, ob diese Zeit genau wie jede andere Zeit wirklich durch sich selbst existiert. Vielleicht ist es statt dessen richtiger, wie der österreichische Physiker Ernst Mach zu denken (in der Nachfolge von David Hume, George Berkeley und Gottfried Wilhelm Leibniz), für den die Zeit nicht mehr ist als ein praktisches Mittel, um bestimmte Zusammenhänge zwischen den Phänomenen auszudrükken.

Die Ursprünge der kosmologischen Zeit verlieren sich wie die des Universums selbst im Morgengrauen seines Entstehens. Wenn also ein Physiker vom Modell des *Bigbangs* ausgeht, so erkennt er die Unmöglichkeit an, mit Hilfe der physikalischen Gesetze beliebig weit in die Vergangenheit zurückzublicken. Eine solche Extrapolation führt unweigerlich in eine Sackgasse, genauer gesagt in einen Zustand des Universums, in dem die uns heute bekannten physikalischen Gesetze miteinander in Konflikt geraten. Ursache hierfür ist die in diesem Fall vorhandene Unvereinbarkeit der Prinzipien der Quantenphysik mit denen der allgemeinen Relativitätstheorie. Diese Situation macht jede Berechnung vergeblich und aus jeder Vermutung ein Trugbild, und so wissen wir weder etwas vom Ursprung des Universums noch vom Ursprung der Zeit, egal, ob wir den Ausdruck »Ursprung« im chronologischen oder erklärenden Sinn gebrauchen.

Betrachten wir nun, was hier mit dem weiter oben erwähnten Kausalitätsprinzip geschieht. Dieses Prinzip ordnet alle Ereignisse gemäß einer irreversiblen Abfolge:

»Die Ursache geht der Folge immer voraus.« Indem uns die Kausalität daran hindert, rückwirkend in der Vergangenheit eine Kette von schon stattgefundenen Ereignissen zu verändern, schützt sie uns vor solchen unglückseligen Vorfällen, wie sie in dem berühmten »Großvaterparadoxon« geschildert werden.

Paul, ein junger Mann, reist in der Zeit zurück und trifft dort seinen noch jungen Großvater Denys genau in dem Moment, als dieser um seine zukünftige Frau Françoise (Pauls zukünftige Großmutter) wirbt. Indem er ihm Familiengeheimnisse erzählt, die Denys noch niemandem offenbart hat, beweist Paul Denys, daß er sein Enkelkind ist. Verblüfft erzählt Denys Françoise, daß er gerade ihr gemeinsames Enkelkind getroffen hat. Françoise zweifelt daraufhin am geistigen Zustand des Mannes, den sie heiraten wollte und entscheidet, mit ihm zu brechen. Dadurch verhindert sie die Geburt des Kindes, das der Vater von Paul geworden wäre (man findet eine ähnliche Argumentation in Robert Zemeckis Film *Zurück in die Zukunft*) ... Die Kausalität ist also durchaus imstande, ein Familiendrama zu verhindern. Wird sie auch in der speziellen Relativitätstheorie anerkannt? Ja, und zwar durchgängig. Denn wenn für einen Beobachter ein Ereignis A vor einem Ereignis B stattfindet und ein Lichtsignal die Zeit hat, von A auszugehen und B einzuholen, so gilt dies für jeden beliebigen Beobachter. In Wirklichkeit ist diese Kausalitätsverbindung schon implizit in der speziellen Relativitätstheorie enthalten, da eine Verletzung der Kausalität (z. B. eine Reise in die Vergangenheit) gleichbedeutend mit einer Bewegung mit Überlichtgeschwindigkeit ist. So eine Bewegung widerspricht aber der Theorie.

Im Gegenzug könnten in der allgemeinen Relativitätstheorie bestimmte Verzerrungen, die auf die Raumzeit
übertragen werden – insbesondere durch rotierende
Schwarze Löcher* –, die Erforschung der Vergangenheit
ohne ein Überschreiten der Lichtgeschwindigkeit erlauben. Im allgemeinen ist die Kausalität verletzt, sobald
eine Zeitschleife existiert, wenn also eine Weltlinie
(der Raumzeit) in sich geschlossen ist. Niemand weiß,
ob auch bei uns die Familienruhe solcherart gefährdet
ist.

## Das unbequeme Kapitel der Quantenmechanik

*Die Unendlichkeit erbebt,*
*wenn man ein Atom berührt.*
Victor Hugo

Kommen wir nun zum – ebenfalls heiklen – Fall der
Quantenmechanik, die in den ersten Jahrzehnten dieses
Jahrhunderts entwickelt wurde. Da die klassische Physik
das Verhalten der Atome und insbesondere die Wechselwirkungen zwischen Licht und Materie nicht erklären
konnte, wurde sie durch einen revolutionären Formalismus ersetzt: die Quantenmechanik. Sie beeinflußt heute
alle Teilgebiete der Physik. Um den Zustand eines quantenphysikalischen Systems zu beschreiben (zum Beispiel
eines Teilchens), benutzt man ein »Wellenfunktion«* ge-
nanntes mathematisches Gebilde. Die Wellenfunktion ist
eine Summe aus verschiedenen Termen, von denen jeder
einem bestimmten möglichen Wert einer physikalischen
Größe entspricht (des Ortes, der Energie …). Diese Mög-

lichkeit der Beschreibung jedes physikalischen Systems als eine Summe von Zuständen, ergibt sich aus dem sogenannten Superpositionsprinzip*. Es besagt, daß zwei beliebige physikalische Zustände eines Systems immer zu einem neuen Zustand überlagert (oder richtiger gesagt: zusammengefügt) werden können. Man stellt sich das in der Art vor, wie sich zwei Wellen auf der Oberfläche eines Teiches zu einer neuen Welle vereinen. Eine der verwirrenden Besonderheiten der Quantenphysik ergibt sich im Zusammenhang mit dem Superpositionsprinzip. Wenn man in einem System eine Messung durchführt – zum Beispiel eine Messung der Energie –, so hat dies eine plötzliche Veränderung der Wellenfunktion zur Folge: Aus der ganzen Summe ihrer Terme überlebt nur ein einziger, der dem Wert der gemessenen Energie entsprechende. Man sagt, daß die Wellenfunktion durch die Messung reduziert wurde.

Gemäß der gängigen Deutung der Quantenmechanik ist es vollkommen dem Zufall überlassen, welcher Term aus der Summe die Einschränkung übersteht. Die Wellenfunktion erlaubt vor der Messung nur die Berechnung der Wahrscheinlichkeit, daß dieser oder jener Wert ausgewählt werden wird. In der Quantenphysik ist es also die Messung, die die gemessene Eigenschaft erst genau festlegt. In unserem Beispiel war die Energie des Systems vor der Messung also nicht näher bestimmt, da sie a priori mehrere Werte annehmen konnte – jeder dieser Werte war mit einem Term der Summe assoziiert. Aber diese Unbestimmtheit endet, wenn eine Messung einen speziellen Energiewert präzise isoliert und dabei nur Terme übrigläßt, die vor der Messung die Wellenfunktion bestimmt haben.

Was hat es aber mit der Zeit in der Quantenphysik auf sich? Zur Vereinfachung werden wir nur einen ihrer Formalismen heranziehen, die sogenannte Schrödinger-Gleichung. Sie hat Gültigkeit, solange die Geschwindigkeiten im Vergleich zur Lichtgeschwindigkeit gering bleiben, und erlaubt die Berechnung der im Laufe der Zeit stattfindenden Entwicklung der Wellenfunktion, die zu jedem Teilchen gehört. Diese Gleichung ist gänzlich reversibel und darüber hinaus vollkommen deterministisch. Die von ihr behandelte Zeit ist also zunächst einmal die Newtonsche Zeit, die ja ebenfalls reversibel ist. In Wirklichkeit sind die Dinge aber komplizierter, da die Quantenphysik, wie wir eben gesehen haben, eine duale Struktur besitzt. Sie verwendet zusätzlich zu ihren Gleichungen eine besondere Theorie der Messungen, die ihren Formalismus in Verbindung zu den effektiven Meßresultaten bringt. Die Entwicklung eines Systems unterliegt nur so lange der Schrödinger-Gleichung, wie in diesem System keine Messung stattfindet. Danach realisiert sich dann nur eines der a priori möglichen Meßergebnisse. Da sich diese Auswahl rein zufällig vollzieht, spricht man auch von der »quantenphysikalischen Unbestimmtheit«.

Der Prozeß der Reduktion der Wellenfunktion, der bei jedem Meßvorgang auftritt, hat eine irreversible »Marke« im System zur Folge, die von der Schrödinger-Gleichung nicht beschrieben wird. Aber wird damit tatsächlich eine authentische zeitliche Irreversibilität eingeführt? Kann man von einem quantenphysikalischen Zeitpfeil reden? Wenn ja, dann wäre das eine sehr seltsame Orientierung. Denn es sind die im System vorgenommenen Messungen, die implizit in die Erschaffung der Irreversibilität eingreifen würden – und damit letztendlich der Beobachter.

Da die Meßapparate selbst makroskopisch sind, glauben einige Forscher, daß diese Irreversibilität sich im Prinzip nicht sehr von der Boltzmannschen Irreversibilität unterscheidet. Aber auch da stellt sich die Frage, ob es sich um eine wirkliche Irreversibilität handelt. Was passiert, wenn wir den Verlaufssinn der Zeit mathematisch umkehren? Da die Schrödinger-Gleichung reversibel ist, entspricht die umgekehrte Entwicklung des Systems dem rücklaufenden Bild des ursprünglichen Prozesses, jedenfalls solange man nicht erneut den Meßmoment erreicht. Wenn man ihn erreicht, so muß das System zwischen verschiedenen möglichen Vergangenheiten wählen, genauso wie es ja auch im ursprünglichen Prozeß zwischen verschiedenen Zukunftsformen gewählt hatte. Die gewählte Vergangenheit ist aber nicht unbedingt die »wirkliche« Vergangenheit des Systems. Demnach gibt es eine Irreversibilität in dem Maße, wie die *Umkehrung des Prozesses* nicht dem *umgekehrten Prozeß* entspricht.

Diese Irreversibilität ist jedoch von einer sehr speziellen Art und könnte eigentlich sogar als eine Art Reversibilität bezeichnet werden. Denn wenn die von uns betrachtete umgekehrte Entwicklung des Prozesses auch nicht exakt dem rücklaufendem Film des normalen Prozesses entspricht, so ähnelt sie doch Schritt für Schritt einem realen quantenphysikalischen Prozeß. Die Mannigfaltigkeit der möglichen Vergangenheiten verweist auf die der möglichen Zukunftsformen im realen Prozeß. Auf eine gewisse Weise symmetrisiert sie den Status von Vergangenheit und Zukunft.

Ist nicht genau das das Kennzeichen der Reversibilität?

Es ist wichtig, auch noch etwas zu der sogenannten quantenphysikalischen Nicht-Separabilität zu sagen. Sie ist auf natürliche Weise im quantenphysikalischen Formalismus enthalten und wurde 1983 von der Arbeitsgruppe des französischen Physikers Alain Aspect nachgewiesen. Um was handelt es sich dabei? Es ist offensichtlich, daß das Prinzip der Lokalität* (das es erlaubt, einen Körper im Raum einzuordnen) unverträglich ist mit dem Konzept der Wellenfunktion. Die Wellenfunktion eines Teilchens ist im allgemeinen im Raum verteilt und stellt nichts weiter dar als die Wahrscheinlichkeit, das Teilchen an diesem oder jenem Ort anzutreffen. Bliebe noch festzustellen, ob die Lokalität mit Hilfe einer noch genaueren Theorie als der traditionellen Quantenmechanik wiedereingeführt werden könnte. Diese Frage stand im Mittelpunkt eines von Einstein 1935 publizierten Artikels, der berühmt geworden ist. Einstein glaubte in Übereinstimmung mit seiner speziellen Relativitätstheorie, daß es Fälle gibt, bei denen von zwei Ereignissen mit Sicherheit keines das andere beeinflußt. Das wäre der Fall, wenn sie im Raum so weit voneinander entfernt und zeitlich so weit zusammengerückt wären, daß das Licht keine Zeit hätte, sie miteinander zu verbinden. Diese Sichtweise wurde 1983 in Alain Aspects Experiment widerlegt.

Von da an stand fest, daß die von der Quantenmechanik vorgesehenen nicht-separablen Systeme von Teilchen wirklich existieren. So können zwei Photonen, die in der Vergangenheit in Wechselwirkung getreten sind, eine nicht-separable Gesamtheit darstellen, auch wenn sie sehr weit voneinander entfernt sind. Man kann sie in diesem Fall nicht als aus zwei einzelnen Photonen zusammengesetztes Gebilde ansehen; sie verhalten sich auf eine Art und Weise, die jedem Erklärungsversuch mit Hilfe von unabhängigen Photonen widersteht, in der jedes Photon von vornherein (das heißt vor jeder Messung) genau festgelegte physikalische Eigenschaften hätte. Die beiden Teilchen bleiben wie durch ein von Raum und Zeit unabhängiges Seil verbunden, und auch in Gedanken kann man sie nicht trennen. Jede Handlung, die eines der beiden beeinflußt, wirkt sich auch sofort auf das andere aus, wie weit auch immer sie voneinander entfernt sein mögen. So ist es dem Physiker nicht mehr unter allen Umständen möglich, zwei Ereignisse zu trennen, um das Kausalitätsprinzip anzuwenden. Heißt das, daß wir unsere fest verankerten Vorstellungen von Zeit und Raum in Frage stellen müssen? Ist es das Konzept des Raums, das noch einmal überdacht werden muß? Oder doch eher das der Zeit? Oder alle beide?

Es ist übrigens bekannt, daß sich allgemeine Relativitätstheorie und Quantenmechanik einer Vereinigung widersetzen, obwohl sie doch der gleichen Zeit entstammen und oft miteinander in Verbindung gebracht werden. Dabei kann man mit Hilfe einer einfachen Argumentation Maßstäbe für Zeiten und Entfernungen liefern, in deren Rahmen unbedingt eine Vereinigung der beiden Theorien stattfinden muß. Diese Argumentation beruht auf einer Analyse der Dimensionen. Hierbei wird auf die Existenz von in der Physik als fundamental angesehenen Konstanten zurückgegriffen, die, wie der Name schon sagt, die sympathische Eigenschaft haben, im Laufe der Zeit und an jedem Ort identisch zu sein. Neben anderen Größen handelt es sich dabei um die Gravitationskonstante $G$, die Lichtgeschwindigkeit $c$ und die winzige, aber in der Quantenphysik wesentliche Plancksche Konstante $h$.

Die erste dieser Konstanten, $G$, wurde von Newton eingeführt, um auszudrücken, daß die Gravitationskraft zwischen zwei Körpern proportional zum Produkt ihrer Massen und umgekehrt proportional zum Quadrat ihres Abstands ist. Sie besitzt eine ungewöhnliche Einheit und hat den Wert $6,667 \cdot 10^{-11} m^3 \cdot kg^{-1} \cdot s^{-2}$.

Die Vakuumlichtgeschwindigkeit $c$, invariant gegenüber einem Wechsel des Bezugssystems, ist die obere Grenze aller Geschwindigkeiten. Die Relativitätstheorie erklärt, daß kein massiger Gegenstand schneller fliegen kann als ein Photon. Die Geschwindigleit $c$ ist so groß, daß einem schwindlig werden kann. Sie beträgt nicht weniger als $299\ 792\ 458\ m \cdot s^{-1}$.

Die Konstante $h$ wurde 1900 von Max Planck eingeführt. Ihr Vorhandensein im quantenphysikalischen Formalismus bringt zum Ausdruck, daß es nur dann eine Wechselwirkung zwischen zwei Systemen geben kann, wenn sie etwas austauschen. Dieses Etwas kann nicht beliebig klein gemacht werden. Es muß mindestens einem Wechselwirkungsquantum entsprechen, das mit der Konstanten $h$ zusammenliegt. Obwohl diese Konstante winzig ist (ihr Wert beträgt $6,622 \cdot 10^{-34} J \cdot s$), ist sie von entscheidender Wichtigkeit: Sie ist der Grund dafür, daß die atomare Welt quantenphysikalisch und nicht klassisch ist.

Da jede dieser drei Konstanten festgelegte Maßeinheiten besitzt, ist es möglich, sie durch Multiplikation und Division so zu kombinieren, daß man eine Größe erhält, deren Einheit die Einheit der Zeit ist (das ist übrigens eine hervorragende Übung , die wir dem Leser ans Herz legen ...). Wenn man sich nicht verrechnet hat, so beträgt der Wert der enthaltenen Zeit, $(Gh/c^5)^{1/2}$, ungefähr $10^{-43}$ Sekunden. Indem man diese Zeit mit der Lichtgeschwindigkeit $c$ multipliziert, bekommt man eine Größe mit der Einheit einer Länge, $(Gh/c^3)^{1/2}$, die einen Wert in der Größenordnung von $10^{-35}$ Metern besitzt. Das ist natürlich beides ganz schön kurz, aber es gibt keinen Grund, sich darüber zu beklagen: Die sogenannte »Plancksche« Zeit bzw. Länge beschreibt Größenordnungen, unterhalb derer die Raumzeit nicht mehr als »glatt« angesehen werden kann.

Für kürzere Entfernungen oder Zeiten (wie im ursprünglichen Universum) nimmt man an, daß Raum und Zeit sich auf eine kaum noch vorstellbare, gänzlich andere Art und Weise zeigen. Sie könnten ungleichmäßig oder fluktuierend sein, was selbst die grundlegenden physikalischen Gesetze ändern würde. Da aber sowohl die Plancksche Zeit als auch die Plancksche Länge experimentell nicht zu verwirklichen sind, bleiben solche Hypothesen höchst spekulativ.

Die zur Überprüfung notwendigen *Big-bangs* bekommt man leider im Unterschied zu Pizzen nicht auf Bestellung ...

## Wenn ein Spiegel zu reflektieren beginnt …

*O Spiegel!*
*Kaltes Wasser,*
*in der Langeweile deines Rahmens gefroren …*
Mallarmé, *Hérodiade*

Was die Zeit betrifft, so hat auch die Teilchenphysik ein Wort mitzureden. Die Theoretiker dieser Fachrichtung haben es sehr geschickt verstanden, den ganzen Reichtum des Konzepts der Symmetrie auszuschöpfen. Es ist völlig logisch, daß das Spiegelbild eines physikalischen Experiments nicht mit dem Experiment selbst identisch ist (denn rechts und links sind vertauscht). Aber die Physiker haben lange Zeit geglaubt, daß *auch* dieses Bild zu einem möglichen physikalischen Experiment gehört, welches wie das andere im Labor durchführbar ist. Diese Invarianz der Physik gegenüber der Reflexion eines Spiegels wird »Paritätserhaltung« genannt. Dabei wird der im Formalismus zur Spiegelung gehörende Prozeß als Parität* P bezeichnet, welche aus der Umkehrung der räumlichen Koordinaten der Teilchen besteht. In einer Theorie, die die Parität erhält, gibt es also keine Experimente, die die Festlegung eines absoluten Sinns für die Begriffe rechts und links erlauben. Die Definition der Begriffe rechts und links kann demnach nur willkürlich oder kulturbedingt erfolgen.

Die Dinge werden etwas komplizierter, wenn man berücksichtigt, daß es auch andere Symmetrieoptionen als die Parität gibt. So kann man zum Beispiel bei einer Reaktion, an der Teilchen und Antiteilchen teilnehmen, gedanklich jedes Teilchen durch sein Antiteilchen ersetzen und umgekehrt. Diese Vertauschung der Materie mit Antimaterie wird Ladungskonjugation genannt und mit C abgekürzt. Ein anderer, als T bezeichneter Prozeß besteht aus der Umkehrung des Richtungssinns der Zeit. Auf einen beliebigen Prozeß angewendet, steht T für den Ablauf des Prozesses im entgegengesetzten Sinn zum tatsächlich stattgefundenen. Um nicht an ihren festgefügten Fundamenten zu rütteln, sagen alle Theorien der Physik die Invarianz der Gesetze der Dynamik bezüglich des Gesamtprozesses CPT voraus. Wenn man also den Film des Spiegelbilds eines beliebigen Phänomens, bei dem man Teilchen und Antiteilchen vertauscht hat, rückwärts abspielt, so beobachtet man ein Phänomen, das genauso wahrscheinlich ist wie das ursprüngliche (auch wenn es sich davon unterscheidet).

Diese Invarianz garantiert, daß die spezielle Relativitätstheorie, die Quantenmechanik und die Kausalität in den Elementarprozessen berücksichtigt werden. Sie wird vor allem durch die Tatsache belegt, daß Masse und durchschnittliche Lebensdauer von instabilen Teilchen denen ihrer Antiteilchen exakt gleichen. Wenn man den Prozeß CPT global auf unsere Welt anwenden würde, erhielte man eine Welt mit anderem Aussehen. So wäre dort zum Beispiel jedes Proton durch ein Antiproton mit umgekehrten Drehsinn ersetzt. Aber trotzdem würden in dieser neuen Welt dieselben Gleichungen gelten wie in unserer alten Welt.

Zu ihrer großen Überraschung stellten die Physiker 1957 fest, daß das Gesetz der Paritätserhaltung von einer der vier fundamentalen Wechselwirkungen in der Natur nicht respektiert wird. Es handelt sich hierbei um die sog. schwache Wechselwirkung, die für gewisse Phänomene der Radioaktivität verantwortlich ist. Als ob die Natur sich weigern würde, die Symmetrie von rechts und links immer zu respektieren, entspricht das Spiegelbild eines solchen Prozesses nicht einem reproduzierbaren Phänomen. Der Physiker Wolfgang Pauli (1900-1958) faßte diesen Sachverhalt mit den Worten »Gott ist leicht linkshändig« zusammen (sehr zur Freude des Autors dieser Zeilen, der diese Eigenschaft ebenfalls – wenn auch verstärkt – für sich in Anspruch nehmen kann).

Nachdem bestätigt worden war, daß die Invarianz bezüglich P von der schwachen Wechselwirkung nicht eingehalten wird, stellte man fest, daß sie auch die Invarianz bezüglich C verletzt, während gleichzeitig die globale Symmetrie CP erhalten bleibt. An diesem Punkt der Gedankenführung mußte man kein Genie sein, um daraus schließen zu können, daß die Invarianz bezüglich CP zusammen mit der Invarianz bezüglich CPT die Invarianz bezüglich T impliziert. Dieses ermutigende Ergebnis überdauerte nur einige Jahre. Ein Experiment, das 1964 in Princeton/USA von J. H. Christenson, J. W. Cronin, V. L. Fitch und R. Turlay durchgeführt wurde, ergab zur allgemeinen Überraschung, daß die Invarianz bezüglich CP beim Zerfall von recht eigenartigen, neutrale Kaonen genannten Teilchen verletzt wird – wenn auch nur sehr leicht. Ein sehr schwacher Prozentsatz der neutralen Kaonen zerfällt nämlich zu zwei statt zu drei Pionen. Auch wenn CPT immer noch erhalten bleibt, so gilt dies doch im vorliegenden Fall nicht mehr für CP und ist folglich auch für T nicht mehr gegeben! Selbst 30 Jahre nach ihrer Entdeckung bleibt die Ursache dieser leichten Verletzung der zeitlichen Symmetrie zwischen Vergangenheit und Zukunft ein Rätsel. Es bleibt die Frage offen, ob man ihr einen Pfeil zuordnen muß und, wenn ja, welche Bedeutung man ihm beimessen müßte. Diese Frage ist nicht nur akademischer Natur. Andrej Sacharow schlug 1967 vor, daß die Verletzung der CP-Symmetrie erklären könnte, warum beim Beginn der Entstehung des Universums die Materie über die Antimaterie »gesiegt« hat. Es ist also nicht ausgeschlossen, daß wir dieser Verletzung die Möglichkeit unserer eigenen Existenz in diesem Universum verdanken. Denn ohne Zweifel wären wir nicht Teil dieser Welt, wenn die Symmetrie nicht zumindest etwas wackelig gewesen wäre. Welch seltsame Vorstellung: die obskure Asymmetrie des Zündfunkens als Ursprung des strahlenden Universums!

## Wann werden die Zeiten übereinstimmen?

*Zwei parallele Geraden liebten sich.*
*O weh!*
Alphonse Allais

Die Mehrzahl der Physiker, die sich eingehend mit dem Zeitpfeil beschäftigt haben, denken heute, daß er mit der Gravitation in Zusammenhang steht. Sie nehmen an, daß eine Verbindung zwischen der Verletzung der CP-Symmetrie, der Gravitation und dem Zeitpfeil besteht. Das ist immerhin in den Augen derer, die es beurteilen können, eine vielversprechend erscheinende Forschungsrichtung. Doch zur Zeit ist nur klar, wie unklar vieles noch ist. Die Physik hat verschiedene Zeiten. In jedem ihrer Begriffssysteme nimmt die Zeit eine eigenständige und besondere Stellung ein – und so erhält sie das Antlitz einer Sphinx.

**Befinden wir uns alle in derselben Zeit?**
*Gibt es eine oder mehrere Zeiten? Diejenige, die wir in unserem Inneren messen, hängt von der*
*Intensität und der Bedeutung unserer Erlebnisse ab. Was verbindet diese Zeit mit der offiziellen Uhrzeit?*
Ph. © Jean-Pierre Vieil/Rapho.

Ihre wesentlichen Merkmale bleiben geisterhaft, unbeständig und vor allem sehr uneinheitlich. Es herrscht keine Universalität beim Konzept der Zeit, genausowenig, wie sie über eine einheitliche Theorie verfügt. Wir haben so im Pfeilköcher der Zeit Inventur gemacht, aber nur

Bruchstücke von Pfeilen gefunden (thermodynamische, kosmologische und quantenphysikalische). Wir konnten keinen »Mutterpfeil« all dieser einzelnen Pfeile finden, der für die gesamte Physik gelten würde. Sicherlich leben sie friedlich zusammen, aber wie kann man sie zusammenfassen? Wird es eine einheitliche Theorie der Zeit geben, wenn es den Theoretikern gelingt, die vier heute in der Physik bekannten Wechselwirkungen zu vereinen? Oder ist es gerade diese einheitliche Theorie, die ihnen fehlt, um voranzukommen? Vielleicht besitzen die verschiedenen Zeiten ja einen verborgenen harten Kern aus gemeinsamen Eigenschaften. Die Offenlegung einer »Übereinstimmung der Zeiten« könnte an Stellen Ordnung schaffen, an denen heute keine Ordnung zu finden ist. Sie könnte auch einige fundamentale Probleme der Physik erhellen, die dort schon lange auf der Tagesordnung stehen – wie zum Beispiel die Interpretation der Quantenphysik. Die fundamentalen Theorien von morgen könnten darauf basieren, daß die Natur der Zeit näher untersucht wird.

Offen bleibt die Frage, ob Irreversibilität Illusion oder Realität ist. Die richtige Antwort findet sich ohne Zweifel an der Schnittstelle zwischen Materie und Leben. Indem sie subjektive und objektive Zeit gegenüberstellt, würde sie wahrscheinlich die Verknüpfung der externen und internen Faktoren des Menschen offenbaren. Auch könnten diese beiden Denkweisen – die eine ausgehend von der Entwicklung und dem Verstreichen der Zeit, die andere auf der Ewigkeit und der Abwesenheit von Zeit gegründet – zwei widersprüchliche, aber untrennbar verbundene Komponenten für das menschliche Bemühen sein, die Welt zu verstehen. Da weder die eine noch die andere alles beschreiben und keine der beiden auf die andere zurückgeführt werden kann, ergänzen sie einander nicht vielleicht?

*Den Physikern ist es nicht gelungen, am Ende ihrer
Gleichungen zu einer einheitlichen Zeit zu finden.
Es ist schwierig, den Status der verschiedenen Pfeile
zu bestimmen, die sie geschnitzt haben.
Physikalische und psychologische Zeit bewahren
ihre Besonderheiten und lassen sich nicht miteinander
in Einklang bringen.*

*Alles, was ist, steht in Beziehung zur Zeit.
Man kann also nicht von der Zeit reden, ohne auch
von allem anderen zu sprechen.
Sie wirkt sich auf alle Bereiche aus und ist nicht das
Vorrecht einer einzelnen Wissenschaft; und so lädt die
Frage nach der Zeit alle Disziplinen ein, sich grenz-
überschreitend mit ihr zu beschäftigen.*

# Überlegungen zur Zeit

## Schritt für Schritt ein Kampf gegen die Uhr

*(vorhergehende Seite)*
*Der Mensch hört nicht auf, die*
*Zeit herauszufordern.*
*Ständig erdichtet er Momente,*
*die wie Augenblicke der Ewigkeit*
*erscheinen.*
*Dann stellt er sich vor, daß sie in*
*irgendeiner Schublade aufbewahrt*
*werden.*
*Ist das, was dauert,*
*mehr mit dem Flüchtigen als*
*mit dem Endgültigen verbunden?*
*Mehr mit einem kurzen Aufblitzen*
*als mit dem Bleibenden?*

Ph. © Tony Duffy/Allsport/ Vandystadt.

# Die Zeit des Wissens

Es gibt sehr verschiedene Meinungen bezüglich des Wesens der Zeit«, sagte schon Blaise Pascal in seinen *Gedanken.* Manche Äußerungen sind zeitlos ... Aber die Zeit hört nicht auf, unergründliche Widersprüche hervorzubringen, will man sich ihr mit Vernunft nähern. Wagt man sich in ihre Tiefen hinab, so findet man sich in einem Irrgarten wieder. Wegen ihres geheimnisvollen und schelmenhaften Wesens läßt sich die Zeit nicht leicht vom Intellekt einfangen. Sie führt jede Überlegung, so wunderbar und scharf sie auch sein mag, in eine Art Sackgasse. Deshalb hat sie Generationen von Denkern so sehr fasziniert – und auch verschlissen.

## Die Philosophen beim Sturm auf die Zeit

> *Ich kenne ein griechisches Labyrinth,*
> *das eine einzige, gerade Linie ist.*
> *Auf dieser Linie haben sich so viele*
> *Philosophen verirrt,*
> *daß sich dort ein einfacher Detektiv erst recht*
> *verlieren kann.*
> Jorge Luis Borges, *Fiktionen*

Die Zeit ist ein Treffpunkt für Fragen und Probleme, die über die Grenzen der einzelnen Disziplinen hinausgehen. Hier sollen nun einige der zahlreichen Schwierigkeiten dargelegt werden, denen jede, selbst ganz ungezwungene Analyse der Zeit sich früher oder später gegenüber sieht.

Zunächst einmal sagt das Wort »Zeit« praktisch nichts über die Sache aus, die es beschreiben soll – das bemerkte schon Augustinus, der der vielleicht der größte Denker hinsichtlich der Zeit war. Dieses unbedeutende Wort, das sich auf einen Gegenstand des unmittelbaren Wissens und Erfahrens bezieht, entschlüpft einem immer dann, wenn man es zu fassen bekommen möchte. »Wenn man mich nicht fragt, glaube ich zu wissen, was die Zeit ist«, schrieb Augustinus in den *Bekenntnissen*, »aber wenn man mich fragt, weiß ich es nicht mehr.« Dieses erste Geheimnis der Zeit läßt einem schwindelig werden. Man kann natürlich versuchen, die Zeit zu definieren. Man kann sagen, daß sie das ist, was vergeht, wenn sonst nichts vergeht, daß sie das ist, was alles entstehen oder vergehen läßt, daß sie die Ordnung der aufeinanderfolgenden Dinge ist, daß sie die sich entwickelnde Entwicklung ist oder, etwas scherzhafter, daß sie das praktischste Mittel ist, das die Natur gefunden hat, um nicht alles auf einmal passieren zu lassen. Aber keine dieser pirouettenhaften »Definitionen« wird der Natur und der Gesamtheit der Zeit gerecht. Die Schwierigkeit rührt daher, daß man von ihr nicht sprechen kann, ohne *auch* von allem anderen zu sprechen. Die Zeit ist kein Isolat des Gedankens. Sie entblößt sich niemals. Ist der Versuch also vergeblich, »diesem Wort, das eine ganze Großfamilie unter seinem Dach vereint, einen eindeutigen Sinn geben zu wollen«, wie es Mallarmé ausdrückte? Ist es nicht das beste, sich mit dem alltäglichen und jedem zugänglichen Sinn zu begnügen, wie es uns Pascal nahelegt, »weil Definitionen nur gemacht werden, um auf Dinge hinzuweisen, indem man sie benennt, und nicht, um damit ihre Natur zu bestimmen.« Man muß darauf verzichten, eine präzise, beruhigende und gebräuchliche Definition der Zeit formulieren zu wollen. Dieses Hindernis, das allen elementaren Begriffen eigen ist, gibt der Zeit unvermeidlicherweise eine Aura des Geheimnisvollen. Doch gleichzeitig verleiht es diesem Buch auch eine gewisse Ernsthaftigkeit.

Darüber hinaus hat die *Realität* der Zeit paradoxe und auch wunderbare Züge. Wie kann man das Sein der Zeit begreifen, obwohl ja die Vergangenheit nicht mehr und die Zukunft noch nicht ist und die Gegenwart schon nicht mehr ist, wenn sie gerade anfängt zu sein? Wie kann es eine Existenz der Zeit geben, wenn sie nur aus solchen Nicht-Existenzen besteht? Einigen wir uns darauf, daß es sehr gewagt wäre, die Zeit auf eine so wenig reale Realität wie den Augenblick zu gründen. Man stellt sich den Augenblick immer als eine Art zeitliches Atom vor, einen unteilbaren Grenzpunkt zwischen zwei Nichtigkeiten. Der Augenblick ist nur ein Schauder, und ein Schauder hat kein ontologisches Gewicht. Wenn also, wie es Leonardo da Vinci in seinen *Fragmenten* formulierte, »der Augenblick keine Zeit besitzt«, wie könnte dann die Zeit aus Augenblicken bestehen? Durch welche Alchimie kann dieses erstaunliche Erschaudern der Zeit sich zu Dauer verdichten? Kaum geboren, muß der neue Augenblick zu einem vergangenen werden und macht aus der Gegenwart die Eile einer Zukunft, die bereits vor dem

Kommenden erzittert. Die Zeit ist immer verschwindend. »Sie zeigt sich stets verneint«, wie Marcel Conche in *Temps et Destin* (Zeit und Schicksal) sagt. Bestände demnach ihre Art zu sein darin, nicht zu sein? Doch wenn man davon ausginge, daß die Zeit nichts ist, so müßte man auch auf einen Schlag die Gesamtheit unserer menschlichen Erfahrungen verneinen – eine nicht unerhebliche Konsequenz. Sowenig wie die Existenz der Zeit, sowenig können wir auch die Nicht-Existenz der Zeit begreifen. Die Zeit lädt uns zu einem Spaziergang auf dem rutschigen Rand eines Teufelskreises ein.

Schließlich gibt es noch das Problem der Identität des *Jetzt*. Das Jetzt, der gegenwärtige Augenblick, erscheint uns immer als ein und derselbe Augenblick, auf gewisse Weise unveränderlich. Die Gegenwart ist wirklich die einzige Sache, die kein Ende hat und die immer ... gegenwärtig ist. Im Gegensatz dazu existieren Vergangenheit und Zukunft nur durch die Gedanken, durch Erinnerungen oder Erwartungen; wir können jedoch nicht über sie verfügen. Aristoteles betonte – und darin folgte ihm vor allem auch Schopenhauer – die Offensichtlichkeit, daß die gegenwärtige Zeit die einzig wahre Zeit ist; allerdings stellte er der Unveränderbarkeit der Gegenwart dann die Beweglichkeit des Jetzt gegenüber: »Einerseits ist der Augenblick mit sich selbst identisch, andererseits nicht; insofern, als er sich von einem Moment zum anderen verändert, ist er verschieden; was aber seinen Gegenstand angeht, so ist er derselbe.« Dieser unüberwindbare Gegensatz zwischen der Beständigkeit des Jetzt und der ihm eigenen Dynamik, zwischen seinem Vorhandensein und seiner Flucht, zwischen seiner Offensichtlichkeit und seiner Künstlichkeit, ist genau das, was man ein Paradoxon nennt. Wie kann man den Augenblick ausdrücken, wenn in ihm Stillstand und Bewegung nebeneinander existieren? Durch welchen Mechanismus folgt der Augenblick auf sich selbst? In seinen *Bekenntnissen* hatte sich Augustinus eine bedeutende Frage gestellt: »Wie kann ich gleichzeitig in der Gegenwart existieren und mich dabei ausreichend von ihr zurückziehen, um dem Verstreichen der Zeit gewahr zu werden?«

Entledigt man sich dieser Problematik, indem man mit Aristoteles voraussetzt, daß »die Zeit die Anzahl aller Bewegungen ist, der Bewegungen vorher und nachher«, dann stellt sich folgende Frage: Was ist die Ursache dieses Verstreichens einer Folge von Momenten, durch die die Veränderungen, denen die Phänomene unterworfen sind, deutlich werden? Oder soll man sich Platon in *Timaios,* auf halbem Weg zwischen Parmenides und Heraklit anschließen, für den die Zeit »das bewegliche Bild der unbeweglichen Ewigkeit ist«? Kann man wie Augustinus (gefolgt von Husserl) feststellen, daß die Zeit nur in der Psyche abläuft, indem dort das Objekt der Erwartung (die Zukunft) zunächst das Objekt der Aufmerksamkeit (die Gegenwart) und dann das Objekt der Erinnerung (die Vergangenheit) wird? Hat Bergson recht, wenn er behauptet, daß die Zeit eine reine Intuition des Bewußtseins sei? Vielleicht ist jemand in der Lage, diese durcheinandergewürfelten Fragen zu beantworten. Doch der Autor dieser Zeilen steckt hier fest.

Es gibt jedoch eine andere Frage, die Physiker immer wieder beschäftigt und vielleicht auch ärgert, da sie keine Antwort darauf finden können. Es ist die Frage nach dem Platz der Zeit im Universum. Ist die Zeit notwendigerweise mit physikalischen Ereignissen verbunden, die sich im Universum abspielen (so wie die Schwingung eines Pendels)? Oder ist sie davon unabhängig, ist sie eine Art eigenständiger, »transzendentaler« Hintergrund, wie es die Philosophen ausdrücken?

Philon von Alexandria und Augustinus waren sich der Bedeutung dieser Fragestellung bewußt. Um die heikle (aber vielleicht dumme) Frage nach dem göttlichen Tun vor der Erschaffung der Welt zu umgehen (was machte Gott, bevor er sich um das Gelingen der Genese kümmerte?), gingen sie davon aus, daß es im vorliegenden Fall kein *Vorher* geben kann. Denn die Zeit ist integraler Bestandteil der erschaffenen Ordnung. Sie wurde mit den Dingen erschaffen und kann zwar nicht mit einem speziellen Ding verknüpft werden, ist aber gleichzeitig mit allen Dingen untrennbar verbunden. Sie ist also Zeitgenosse des Universums selbst. Philon sagt zum Beispiel: »Angenommen, die Zeit ist ein gemessener, durch die Bewegung des Universums festgelegter Raum und angenommen, die Bewegung kann nicht vor dem bewegten Objekt entstehen, sondern muß unbedingt danach oder mit dem bewegten Objekt der Bewegung in Erscheinung treten. Dann folgt daraus notwendigerweise, daß auch die Zeit ein Zeitgenosse oder Nachkomme des Universums ist.« Die Problematik dieses Urteils, so elegant es auch erscheinen mag, liegt darin, daß es, wie es bei metaphysischen Vorschlägen häufig der Fall ist, zugleich unwiderlegbar und willkürlich ist. Wir können uns sicherlich in aller Ruhe und sogar bis in alle Ewigkeit über die Frage auslassen, ob das Universum ein zeitliches Vorspiel hatte oder ob alles – eingeschlossen der Zeit – erst mit ihm begonnen hat. Aber mangels uns zur Verfügung stehender Tatsachen und Beweise können wir keine Schlußfolgerungen ziehen.

Gegen Ende des 18. Jahrhunderts kehrte die Frage nach der Natur der Zeit zurück; diesmal stellte sie sie Immanuel Kant. Kant ist ohne Zweifel der Philosoph, der unter den Physikern am bekanntesten ist. Was sagt der Autor der *Kritik der reinen Vernunft* zur Zeit? Erinnern wir uns, daß Augustinus den Weg für eine »transzendentale« Sichtweise der Zeit frei gemacht hat, indem er die Zeit der Seele zuordnete und damit von dem allgemeinen Lauf der Dinge befreite. An dieser Stelle bringt Kant sein gesamtes Denksystem ein: »Die Zeit ist lediglich eine subjektive Bedingung unserer (menschlichen) Anschauung, welche jederzeit sinnlich ist (d.i. sofern wir von Gegenständen affiziert werden), und an sich, außer dem Subjekt, nichts. [...] Nichtsdestoweniger«, fährt Kant fort, »ist sie in Ansehung aller Erscheinungen, mithin auch aller Dinge, die uns in der Erfahrung vorkommen können, notwendigerweise objektiv.« Die Zeit kann folglich nicht von der Bewegung des wahrnehmenden Geistes getrennt werden; wenn der Mensch vergessen ist, existiert sie nicht unabhängig weiter. Kant sieht dies als eine Voraussetzung des konzeptuellen Denkens. Es sind keine Erfahrungen möglich ohne die Zeit, die ein Nacheinander ermöglicht; der Raum wiederum erlaubt die Simultanität. Es gibt keine Vorstellung ohne diese transzendentale Voraussetzung, die die Aussage der Wissenschaft rechtfertigt. Die Zeit ist kein Begriff, sondern reine Intuition. Hierin hat die Kantsche These von der »transzendentalen Idealität der Zeit« ihren Ursprung: Die Zeit ist ideal in dem Sinne, als daß sie kein Wesen oder kein Ding ist, das man in Begriffe fassen kann (ideal steht hier als Gegensatz zu real). Und da sie a priori existiert, den erfahrbaren Gegenständen vorausgeht und deren Erkenntnis bestimmt, ist sie transzendental. Zur großen Erleichterung der Gelehrten aller Fachrichtungen garantiert diese transzendentale Idealität der Zeit den empirischen Realismus, den jede Wissenschaft erfordert; denn in ihr findet die Erfassung einer wahrnehmbaren Welt ihre notwendige Voraussetzung.

Diese These ist verführerisch und durch sie könnte in der besten aller Welten alles zum Besten stehen ... – wenn es nicht Einsteins spezielle Relativitätstheorie gäbe. Indem sie Raum und Zeit vermischt, scheint sie der Kantschen These zu widersprechen, die ja diese beiden Einheiten als grundsätzlich verschieden und von der Wahrnehmung unabhängig betrachtet. Der Kantsche Standpunkt ist nur mit dem Newtonschen Schema vereinbar. Was bleibt dann übrig vom Kantschen System? Wird es nicht in seinen Grundfesten erschüttert? Was würde ein Dialog zu diesem Thema zwischen Physikern und Philosophen ergeben? Oder würden sie doch eher ein Wortgefecht austragen?

### Die Einstein-Bergson-Kontroverse

> *Eine Stunde ist keine Stunde,*
> *sondern ein Gefäß voll von Gerüchen, Tönen,*
> *Entwürfen und Wetter.*
> Marcel Proust, *Die wiedergefundene Zeit*

Ein solcher Dialog über Zeit und Relativität fand am 6. April 1922 zwischen dem Physiker Einstein und dem

Philosophen Bergson in der *Société de Philosophie de Paris* statt. »Behaupten Sie, von der Zeit zu sprechen, wie der gewöhnliche Mensch sie versteht?« war die wesentliche Frage von Bergson an Einstein. »Die Frage ist folgende: Stimmt die Zeit des Philosophen mit der des Physikers überein?« erwiderte Einstein. Dann antwortete er ohne zu zögern, daß einzig die Wissenschaft die Wahrheit sage. Keine erlebte Erfahrung könne retten, was die Wissenschaft verneine. Bergson war von dieser kompromißlosen Antwort sehr enttäuscht. Ohne Zweifel hatte er gehofft, daß sich Einstein von seinen Ansichten überzeugen ließe. Schließlich sprach aus ihnen ein elementarer gesunder Menschenverstand.

Es ist nützlich, diese Gegensätze genauer zu betrachten. Bergson hatte eine eigene These über die Zeit entwickelt, die ihm das ganze Leben keine Ruhe ließ. Er war besessen von der Idee, daß sich unsere Intelligenz eine falsche Vorstellung von der wirklichen Natur der Zeit mache. Unsere Intelligenz sei so voreingenommen, daß sie der Gleichzeitigkeit mehr Aufmerksamkeit schenke als dem Verstreichen der Zeit. Dadurch ersetze sie unbewußt die Dauer durch ein vereinfachendes mathematisches Schema: Danach besitzt die Zeit nur eine Dimension, ist homogen, fortlaufend und besteht aus einer Abfolge von einzelnen Augenblicken. Dadurch sind wir nach Bergson nicht in der Lage, die wahre Natur der Dauer zu erkennen. Denn diese liege im Fortschritt, der Erschaffung von neuen Formen, einer ununterbrochenen Neuerfindung, dem plötzlichen Auftauchen von Neuheiten. Die Zeit habe nichts von einer ablaufenden Sanduhr oder einer mechanischen Uhr, die mit ihrem monotonen Ticken die Augenblicke isoliere. Die Dauer, die ständig

Neues erschaffe, schließe notwendigerweise die Wiederholung aus. Wie wir sehen konnten, wird dieser Standpunkt im allgemeinen von den Physikern nicht geteilt. Es überrascht daher nicht, daß Bergson die wissenschaftliche Konzeption der Zeit heftig kritisierte. Die folgende Passage aus einem 1908 an William James geschriebenen Brief faßt seine Einwände zusammen: »Zu meiner großen Verwunderung habe ich festgestellt, daß die wissenschaftliche Zeit keine Dauer besitzt; daß unsere wissenschaftliche Kenntnis der Dinge sich nicht verändern würde, wenn die gesamte Wirklichkeit sich plötzlich in einem Augenblick entfalten würde; daß die positive Wissenschaft im wesentlichen aus der Eliminierung der Dauer besteht.« Für Bergson ist die Zeit der Wissenschaftler mit den Gegebenheiten des inneren Lebens unvereinbar, denn dort existiert keine Zeit ohne Dauer. Die Dauer ist die eigentliche Grundlage der Zeit. Ist es nicht wahr, daß wir den Augenblick niemals punktuell wahrnehmen? Hat die Zeit nicht immer einen gewissen »Umfang«? Und erscheint sie nicht demjenigen, der sich von einer rein funktionalen Annäherung an die Wirklichkeit lösen kann, als Ort der Freiheit und der Schöpfung? Bergson – der wohl weiß, daß die Zeit existiert und daß die Ahnung von der Dauer dies beweist – schließt, daß der Augenblick nur eine von der Intelligenz hervorgebrachte Abstraktion ist. Denn die Ratio könne die Zukunft nur in Form von unbeweglichen Zuständen verstehen.

Einstein wiederum behauptete, daß die Zeit nicht existiere oder doch zumindest keinen Umfang besitze. Seine Relativitätstheorie zerstörte – zum großen Bedauern des französischen Philosophen – die Vorstellung vom gesunden Menschenverstand; denn ihr zufolge steht die Wahrnehmung der Zeit mit der Bewegung der Beobachter in Zusammenhang. So wird eine Zeit vorstellbar, in der die von einem Beobachter wahrgenommene Gegenwart gleichzeitig mit der von einem anderen Beobachter wahrgenommenen Zukunft oder Vergangenheit stattfindet. Bergson akzeptierte dieses Ergebnis nicht. In dem 1922 veröffentlichten Buch *Durée et Simultanéité* (Dauer und Simultanität) kritisiert Bergson nachdrücklich die physikalische Vorstellung von einer geometrischen, entwerteten Zeit, die sich auf den Augenblick gründet. Für ihn ist der Augenblick nichts als ein künstlich herbeigeführter Schnitt, der dem schematischen Denken des Gelehrten entgegenkommen soll, der Dauer jedoch jegliche Substanz entzieht. Eine Simultanität könne den Fluß der Dauer nicht bezeugen.

Bergsons Kritik nimmt Argumente wieder auf, die Zenon von Elea (ca. 490-430 v. Chr.) zur Begründung des nach ihm benannten Bewegungsparadoxons verwendet hat. Er behauptete, daß ein fliegender Pfeil nicht in jedem Augenblick seines Fluges eine genau festgelegte Position einnehmen könne. Denn würde er das tun, so wäre er unbeweglich. Anschließend versucht Bergson verzweifelt, die Relativität der Gleichzeitigkeit mit der in seinen Augen einzig wahren Zeit, der lebendigen Zeit, zu vereinen. Wendet man seine Interpretation auf das Zwillingsparadoxon an, so ergibt sich folgende Aussage: Wenn die physikalische Dauer (die zum Beispiel durch eine Uhr gemessen wird) für die beiden Zwillinge tatsächlich unterschiedlich ist, so bleibt dennoch ihre jeweilige biologische bzw. psychologische Dauer identisch. Nach den Erfolgen der Relativitätstheorie läßt sich diese Behauptung nur schwer aufrechterhalten, denn ihr zufolge würden psychologische und physikalische Zeit auseinandergerissen. Trotzdem muß man die Argumentation des Philosophen nicht in ihrer Gesamtheit ablehnen. Louis de Broglie zeigt in seinem Buch *Physique et Microphysique* (Physik und Mikrophysik), daß sich das bergsonsche Konzept der Zeit ziemlich gut mit dem der Quantenphysik vereinbaren läßt. Letztere geht davon aus, daß es eine »reine Beweglichkeit ohne präzise Lokalisierung« gibt. Dies ist die Aussage der Unschärferelation von Werner Heisenberg, der zufolge es einem Quantenobjekt unmöglich ist, gleichzeitig einen genau festgelegten Ort *und* eine genau festgelegte Geschwindigkeit zu besitzen.

Noch allgemeiner kritisierte Bergson an Einsteins Theorie, daß die mathematische und entmenschlichte Zeit der Physik das Wesen der erlebten Zeit nicht einbezieht. Weder Wissenschaft noch Metaphysik hätten jemals etwas Sinnvolles über die Erfahrung der Zeit ausgesagt. Grund dafür sei, daß sich beide auf die Intelligenz berufen, die aber unempfänglich gegenüber der Zeitdauer und damit auch gegenüber der Intuition des gesunden Menschenverstands sei. Auch wenn wir eine Uhr am Handgelenk trügen, so ließen wir uns doch nicht auf eine Stoppuhr oder eine Zeitansage reduzieren. Aus diesem Grund irre sich die Wissenschaft (und sogar das Denken insgesamt), wenn sie glaube, von der Zeit zu sprechen. Da sie selbst nur ein Bruchstück des Lebens sei, besitze sie nicht die Mittel, dem Leben ihre Regeln aufzuzwingen.

Man läßt sicherlich einige wesentliche Eigenschaften der Zeit außer acht, wenn man sie zu sehr schematisiert. An diesem Punkt muß die Diskussion offen bleiben.

**Verfügt die Zeit über eine schöpferische Kraft, oder vergeht sie einfach nur?**
*Die Lebenszeit ist ständige Erneuerung, immerwährendes Lernen und die stete Konfrontation mit unerwarteten Situationen und unbekannten Dingen. Manchmal erscheint es uns, daß es dabei zu Phasen unzeitgemäßer Rückschritte kommt.*
*Was hat diese Zeit mit dem beständigen, einsamen Ticken gemein, aus dem die monotone Zeit der Physiker besteht?*
Ph. © V. Winckler.

Wenn wir die Schönheit, Kraft und Effizienz der heutigen, physikalischen Theorien betrachten, die die Zeit außen vor lassen, so können wir nur Einstein recht geben. Wenn wir aber das Heranwachsen eines Kindes miterleben, das jeden Tag neue Bewegungen entdeckt, so erscheinen uns Bergsons Einwände als gerechtfertigt – vielleicht sind aufmerksame Familienväter ja besonders empfänglich für seine Theorie.

Auf jeden Fall bleibt zu bemerken, daß es schwierig ist, die Flüchtigkeit des physikalischen Augenblicks mit dem Umfang der psychologischen Zeitdauer in Einklang zu bringen. *Chronos* und *tempus* sträuben sich gegen eine Vereinheitlichung. Die Punktförmigkeit der einen Zeit widerstrebt der Kontinuität der anderen. Selbst Einstein hat das zugegeben: »Es gibt keine Zeit der Philosophen, es gibt nur eine von der Zeit der Physiker verschiedene psychologische Zeit.« Die Unterschiedlichkeit der Argumente von Einstein und Bergson lassen uns den Abgrund erahnen, der die beiden Arten von Zeit trennt. Die Kontroverse dieser beiden außergewöhnlichen Denker stellte indirekt eine weitere Frage: Wer ist befugt, über die Zeit zu reden? Niemand und doch jeder. Auf dem Gebiet des Denkens steht die Zeit für das Ende der Privilegien. Die Beschäftigung mit ihr ist nicht das Privileg irgendeiner Disziplin. Niemand kann bei einem solchen Thema ein irgend geartetes Vorrecht in der Auseinandersetzung geltend machen. Und doch weiß man nur zu gut, daß das Ende der Privilegien nicht auch ein Ende der Auseinandersetzungen bedeutet. Ist es dann nicht das beste, den Aussagen von Philosophen, Gelehrten, Musikern, Poeten und allen anderen Menschen zu diesem Thema die gleiche Aufmerksamkeit zu schenken? Und sich dann eine eigene Meinung zu bilden? Denn wenn die Zeit ein Boot wäre, dann säßen wir alle in demselben.

# Die Zeit des Handelns

*Wie kann man leben,*
*ohne etwas Unbekanntes vor sich zu haben?*
René Char

Irgend jemand hat einmal gesagt, daß es schwierig ist, Vorhersagen zu machen, besonders ... wenn sie die Zukunft betreffen! Die Zukunft ist unvorhersehbar, denn man kennt ja nur das, was jetzt ist, und nicht das, was noch nicht ist. Um die Zukunft zu kennen, muß man sie abwarten. Aber dann kann sie ja nicht mehr kommen! Jede Zukunft ist von Natur aus gleichzeitig offen und undurchsichtig.

Es ist jedoch nicht verboten, in Form von Szenarien über die zukünftige Entwicklung zu reden. Dabei handelt es sich um eine künstliche Aneinanderreihung von erfundenen Ereignissen, möglichen Ursachen und Folgen. Da die gegenwärtige Entwicklung unserer Gesellschaft stark durch wissenschaftliche Vorhaben und deren Folgen beeinflußt ist, darf man die technische Komponente solcher Szenarien natürlich nicht vergessen. Wenn sie plausibel erscheinen wollen, so muß die Struktur der Vorhersagen immer dem Schema »wenn wir dies machen, erhalten wir das« folgen. Diese Vorgehensweise ist nicht neutral, denn wenn wir uns in die Zukunft projizieren, dann müssen wir die Frage nach unserer Verantwortung stellen. Diese Frage war schon im 18. Jahrhundert nach Ansicht von David Hume »das heikelste Problem der Metaphysik« – eine Aussage, mit der er seiner Zeit weit voraus war.

## Zeit und Verantwortung

> *Ich bräuchte*
> *– und deshalb notiere ich das im Vorbeigehen –*
> *ein Futur und einen Konjunktiv.*
> Samuel Beckett, *Der Namenlose*

Der Raum ist Zeichen und Demonstration unserer Macht. Wir können ihn einrichten, anpassen, ihn in jeder Richtung und Geschwindigkeit durchqueren, in ihm hin- und herlaufen und sein Erscheinungsbild und seine Form verändern. Die Zeit dagegen ruft uns unsere Schwäche ins Bewußtsein. Sie ist keine Promenade, auf der wir nach Lust und Laune flanieren können. Sie ist nicht anpassungsfähig, und man kann sie auf keine Weise manipulieren. Sie drängt sich uns ohne jede Diplomatie auf, sie verschleißt uns nach und nach, fast ohne daß wir es bemerken. Die Zeit ist die stumme Stellvertreterin unserer Ohnmacht, sie ist die herrische Grenze unserer Existenz.

Wir werden die weitreichenden Konsequenzen unserer Handlungen nicht meistern können. Man könnte einwenden, daß dem immer so war und daß der Mensch noch nie in der Lage war, die eigene Zukunft nach seinem Gusto zu gestalten. Eine solche Aussage wäre wahrscheinlich nicht exakt; denn in der Antike und auch noch in der Klassik verließ man sich auf die Natur als Regulativum. Sie würde die menschliche Unordnung kompensieren und schon für den guten Verlauf der Dinge sorgen. Man glaubte an die vorhandenen Kräfte der Natur, die Wunden verheilen zu lassen. Die moderne Technologie und insbesondere die Biotechnologie haben diese heilsamen Eigenschaften der Natur auf die Probe gestellt und teilweise widerlegt. Unsere Welt ist zerbrechlich und verwundbar geworden. Die Konsequenzen des menschlichen Handelns hinterlassen von nun an auf dem Gesicht der Erde dauerhafte und vielleicht sogar irreparable Spuren. Dadurch haben wir das Recht auf Nachlässigkeit endgültig verloren. Wer weiß, vielleicht ist die Apokalypse ja etwas, das ganz allmählich vor sich geht?

Es gibt Dinge, die wir – bewußt oder unbewußt – für unsere Nachfahren entscheiden müssen und durch die wir sie in Situationen bringen, denen sie sich nicht werden entziehen können. Grundsätzlich hat eine solche Entwicklung nichts Skandalöses an sich. Bis jetzt hat jede neue Generation eine Erde vorgefunden, die weder neu noch von allen Spuren der Vergangenheit bereinigt gewesen wäre. Sie wurde immer wieder von Generation zu Generation weitergegeben. Doch die Spuren der Vorbesitzer sind zahlreicher geworden und halten viel länger an als früher. Von nun an verbindet ein von der Technik hervorgebrachtes »materielles Erbe« Menschen über Zeit und Raum hinweg. Die Welt ist ein leitender, ja sogar supraleitender Bereich geworden. Die heutige Zeit steht bereits in Verbindung mit den Zuständen von morgen und übermorgen.

Die zunehmende Spezialisierung der modernen Zivilisation hat zu einer Trennung von technischen und moralischen Aspekten unserer Handlungen geführt. Eine solche Trennung darf heute nicht mehr akzeptiert werden, auch wenn sie noch so praktisch ist. Die technischen, sozialen und ethischen Dimensionen von Handlungen großen Ausmaßes sind mittlerweile untrennbar miteinander verbunden. Denn in allen im großen Maßstab getroffenen Entscheidungen schwingen die Ziele mit, die wir verfolgen, die Nachlässigkeiten, die wir tolerieren, und die Werte, an die wir glauben. Aus diesem Grund kann man keine der Dimensionen unabhängig von den anderen betrachten. Jede Spur, die wir auf der Erde hinterlassen, ist wie eine Unterschrift.

Der moderne Mensch hat also einige Gründe, Prometheus, der die Sterblichen die Gesamtheit des Wissens gelehrt hat, und den Streichen, die er uns spielen könnte, mit Mißtrauen zu begegnen. Was wird der Natur, die dem Menschen ausgeliefert ist, am Ende widerfahren? Verleiht die Technologie dem Menschen nicht eine immer weiter wachsende Macht über Gegenstände, Natur und sich selbst? Der Einfluß des Menschen könnte sich in einigen Fällen über sehr lange Zeiträume auswirken. Jede seiner Handlungen erlangt über ihre historische Dimension hinaus eine neue Tragweite, die die Verbindung zwischen Mensch, Natur und der Zeit beeinflußt. Früher erschien uns die Natur wie die Bewahrerin einer verborgenen Weisheit. Sie war eine Art Vorbild, nach dem der Mensch seine Handlungen und in gewissem Maße auch sein Denken ausrichten mußte. Von jetzt an muß man die Natur vielmehr so sehen, wie sie im Begriff ist zu werden: ein geordnetes, dabei aber zerbrechliches Sammelbecken für die Auswirkungen aller Handlungen und Ideen. Die Dauer der Zukunft liegt in gewisser Weise in unseren eigenen Händen. Von uns hängt es ab, ob dieser lange Zeitraum nicht kurz wird. Über den Umweg der Zeit werden wir zur Verantwortung gerufen, so, als ob die Zukunft einen Einfluß auf uns ausüben würde.

Wenn man es auf den Punkt bringt, so ist es die Frage nach der Verantwortung, die in unserer Generation beantwortet werden muß, ohne daß uns länger Ausflüchte zur Verfügung stehen würden. Auf den ersten Blick erscheint dies verwunderlich. Denn die zahlreichen neuen Rechte erwecken bei uns eher die Illusion, daß wir unsere umfangreichen Hausaufgaben erledigt hätten. Die technologischen Fortschritte schieben die Grenzen des Möglichen weiter hinaus und versprechen ein stetes Anwachsen von Sorglosigkeit, Sicherheit und Freiheit. Aber gerade in diesem scheinbar befreienden Zusammenhang stellt sich wieder die Frage unserer Verantwortung. In ihrem Schlepptau tauchen Zweifel und Ängste auf, und das genau in dem Moment, als man sie vergessen glaubte. Der Philosoph Hans Jonas schreibt dazu in *Das Prinzip Verantwortung*: »Die moderne Technik hat Handlungen von so neuer Größenordnung, mit so neuartigen Objekten und so neuartigen Folgen eingeführt, daß der Rahmen früherer Ethik sie nicht mehr fassen kann.« Vorher ging es bei der Ethik um den Bezug des Menschen zu anderen Menschen; ihre Schlüsselbegriffe waren Gerechtigkeit, Loyalität, Pflicht und Befehle. Haben wir nicht von jetzt an, so fragt sich Hans Jonas, auch eine Verantwortung gegenüber der Natur? Gerade weil sie sich nun in unserer Macht befindet? Eine solche Verbindung ist bestimmt nicht nur vom historischen, sondern auch vom ethischen Standpunkt aus gesehen neu. Es handelt sich um etwas bisher in der Philosophie nie Dagewesenes.

Diese neue Sichtweise ist sehr eng mit unserem Jahrhundert verbunden. Sie entspringt der erheblich schnelleren Entwicklung der Technik im Vergleich zur Kultur; wir sind heute nicht mehr in der Lage, eine umfassende Darstellung der aktuellen Entwicklung zu erbringen. Wir haben das Gefühl, in einer Zeit unbegrenzter Möglichkeiten zu leben – die jedoch durch eben diese Möglichkeiten und die daraus entstehenden Fragen auch eine Zeit großer Verunsicherungen ist. Wir fragen uns mehr und mehr, ob der Mißbrauch unserer Herrschaft über die Natur diese nicht zerstören wird. Und was können wir, ausgehend von diesen Befürchtungen, tun, um sicherzustellen, daß die Macht des Menschen nicht zu seinem Fluch wird?

Da die Beantwortung dieser Frage Widersprüche aufdeckt, setzt sie unserem Gewissen zu und läßt uns graue Haare wachsen. Einerseits scheint mit dem Anstieg unserer Macht auch ein ebensolcher Anstieg unseres Verantwortungsgefühls und unserer Wachsamkeit notwendig zu werden. Andererseits widerspricht dieses rigorose Verantwortungsgefühl den allgemein vorhandenen Vorstellungen von Freiheit, Selbstverwirklichung, Eskapismus und Vergnügen. Die Verantwortung wird zum Hindernis, dessen unglaubliches Ausmaß dazu einlädt, es zu umgehen, und damit das genaue Gegenteil, Verantwortungslosigkeit, hervorruft. Wir wohnen also der beschleunigten Entwicklung zweier gegensätzlicher Tendenzen bei. Auf der einen Seite steht eine Macht, deren mögliche Konsequenzen eine Beschränkung ihrer Handlungskompetenzen sinnvoll erscheinen läßt. Im Gegenzug haben eben diese Begriffe – Beschränkung, Verbote und Zurückhaltung – eine Krise hervorgerufen. Dieser Widerspruch ist eine der Unbequemlichkeiten der Moderne, und seine Lösung bleibt eine ihrer wichtigsten Herausforderungen.

Wie kann man in einer solchen Situation eine »Ethik der Zukunft« aufstellen? Auf welche Grundsätze soll man sie gründen? Wenn wir uns die auf der Zukunft lastenden Bedrohungen vor Augen führen, so können wir es wohl kaum beim altbekannten »Nach-uns-die-Sintflut!« belassen. Zynismus ist in Zeiten großer Gefahren nicht angesagt – aber seine Ablehnung bietet allein noch keine Lösungen. Wir müssen uns unter anderem darüber klarwerden, inwieweit uns die ja noch nicht existente Zukunft schon jetzt in die Verantwortung nimmt. Was verbindet uns heute mit den Menschen von morgen? Inwiefern sind die Menschen, die in einigen hunderttausend Jahren auf der Erde leben werden, schon (oder noch) Teil dieser zugleich nahen und unbestimmten Gemeinschaft, die wir »die anderen« nennen? Diese Fragen sind natürlich nicht nur für die Theoretiker der Ethik interessant. Bei einigen Problemen ist man sich durchaus bewußt, daß die teilweise unvorhersehbaren, langfristigen Konsequenzen der Technologien irreversibel zu werden drohen – so z.B. die Probleme des nuklearen Restmülls, der Biosphäre (Treibhauseffekt, Ozonloch und Verschmutzung der Gewässer) und die schwindelerregenden Entwicklungen auf dem Gebiet der Genforschung. Sie betreffen zukünftige Lebewesen, deren Handlungen und Gefühle wir nicht vorhersehen können. Muß man nicht in diesem Ozean der Unsicherheit namens Zukunft versuchen, Inseln der Sicherheit zu errichten? Kann man nicht mindestens versuchen, mögliche Schäden zu vermeiden oder abzuschwächen, indem man auf Vorsicht setzt? Dies ist die These von Hans Jonas, der sogar noch darüber hinaus geht. Er legt die Feststellung zugrunde, daß wir alle ein nicht zu leugnendes, objektiv vorhandenes Gefühl der Bedrohung verspüren, und entwickelt dar-aus eine »Heuristik der Furcht«. Demnach »muß die Moralphilosophie unser Fürchten vor unseren Wünschen konsultieren« und »der Unheilsprophezeiung mehr Gehör geben als der Heilsprophezeiung«. Da sich die Verheißungen der modernen Technik in Bedrohungen verwandeln, muß man nach Hans Jonas der Angst eine neue Funktion zusprechen. Sie darf nun nicht mehr als Schwäche oder Kleinmut betrachtet werden, sondern als eine Art Signal, das der Kunst, sich elementare Fragen zu stellen, vorausgeht. Dieser neuen Form der Angst liegen keine einfachen emotionalen Automatismen zugrunde. Sie wird bewußt hervorgerufen, um als Warnung zu dienen, und sie wird künstlich erzeugt, um zum Nachdenken und Nachfragen anzuregen. Somit wird sie zum Heilmittel und darf deshalb nicht mehr verachtet werden.

Hans Jonas geht also lieber vom Schlimmsten aus als vom Besten. Seine neue Konzeption der Verantwortung geht Hand in Hand mit dem Pessimismus: Jeder Gedanke an die Zukunft, der die Form einer Utopie annimmt, wird auf Anhieb verurteilt. Aber ist die Angst, die er in den Vordergrund rücken will, nicht eigentlich eine traurige Angelegenheit? Falls sie sich durchsetzt, was wird dann aus unserer Begeisterungsfähigkeit und unserer Motivation? Jonas' These kann kontrovers diskutiert werden. Ein möglicher Einwand wäre, daß ein Gefühl wie die Angst nicht ausreicht, um eine Moral zu begründen. Das

## Die Ozonschicht und ihr berühmtes Loch

*Die industrielle Kapazität der Menschheit hat ein Niveau erreicht, auf dem man es innerhalb weniger Jahrzehnte mit globalen Auswirkungen zu tun bekommen kann.*

*Momentan schreibt man den in der Kühlmittelindustrie und in Spraydosen verwendeten Fluorchlorkohlenwasserstoffen (FCKW) die chemisch verursachte Verringerung des Ozonanteils in der Stratosphäre zu.*

*Dieses Ozon schützt die lebenden Organismen vor den ultravioletten Sonnenstrahlen.*

*Da die Beseitigung der Fluorchlorkohlenwasserstoffe in der Atmosphäre sehr langsam vor sich geht, wird man mindestens ein Jahrhundert benötigen, um die ursprünglichen Konzentrationen wiederherzustellen.*

*Die langfristigen Auswirkungen seiner Technologien nehmen den Menschen schon heute in die Verantwortung.*

Ph. © Laboratory for Atmospheres, NASA Goddard Space Flight Center/SPL/Cosmos.

Klagelied der großen Risiken stellt an sich keinen unumstößlichen ethischen Wert dar. Immerhin gereicht dieser These zur Ehre, daß sie eine Zeit, der es an Orientierungspunkten mangelt, mit ebensolchen versorgt. Darüber hinaus bezieht sie eindeutig Stellung gegen die Passivität, die schon der Philosoph Johann Gottlieb Fichte als die wahrhafte Ur-Sünde des Menschen bezeichnete. Die These von Hans Jonas verändert die Perspektive, unter der wir die Zukunft betrachten. Statt davon auszugehen, daß die Zukunft das ist, was auf uns zukommt, muß man sie heute eher als das sehen, wohin wir uns zu gehen entscheiden. Bei dieser sinnlos anmutenden Umkehrung handelt es sich nicht um eine Pirouette. Denn indem sie uns zu einer Vorwegnahme der sich ankündigenden Zeiten veranlaßt, verändert sie unseren bisherigen Bezug zur Zeit. Natürlich wird die Zukunft nicht das, was wir uns in unseren pessimistischsten oder optimistischsten Träumen ausmalen. Zu viele Faktoren entgehen uns, als daß wir sie genau festlegen könnten.

Aber wir müssen über geeignete Mittel nachdenken, damit unsere Welt nicht zur schlechtesten aller möglichen Welten wird. Anstatt passiv auf das Eintreten der Zukunft zu warten, müssen wir versuchen, sie nicht allzu grauenerregend werden zu lassen. Ein solch frommer Wunsch ist natürlich leichter vorgebracht als umgesetzt, denn zu seiner Realisierung genügen nicht ein paar einfache Prinzipien. Die Ethik ist nicht immer in Reichweite der Praxis, und letztere verfügt auch nicht unbedingt über deren Eleganz (Hans Jonas wurde in diesem Punkt berechtigterweise kritisiert). Nichtsdestotrotz verspüren wir irgendwie die Notwendigkeit, darüber nachzudenken, zu handeln und eventuell Opfer zu bringen. Auf jeden

Fall brauchen wir eine freiwillige Antizipation, denn sonst verliert die Zukunft jede Verbindung zur Gegenwart, wäre ihr dann völlig fremd. »Die Zukunft ist Vergangenheit in Vorbereitung«, sagte der schmerzhaft vermißte Pierre Dac. Dieser Satz ist so wahr, daß man ihn – unter Nichtbeachtung des Zeitpfeils – umkehren kann; dann kann man damit auch sagen, daß »die Gegenwart Zukunft in Vorbereitung« ist.

Die Langzeitkonsequenzen einiger der modernen Technologien nehmen zeitliche Dimensionen einer Größenordnung an, mit der die Menschheit in ihrer bisherigen Geschichte noch nie konfrontiert worden ist – niemals zuvor mußte sich der Mensch so weit in die Zukunft versetzen. Betrachten wir zum Beispiel das Problem der nuklearen Abfälle. Um die zukünftigen Generationen vor den diversen Strahlungen zu schützen, schlägt man vor, die Abfälle für Hunderttausende von Jahren sehr tief im Boden zu vergraben. Allerdings weiß der heutige Mensch nichts von der Gesellschaft des Jahres 500 000 nach Christus. Er muß sich alle möglichen mehr oder weniger vernünftigen Szenarien ausmalen. Da aber von vornherein nichts unmöglich ist, kann er auch nichts mit Sicherheit ausschließen. Um die unendliche Weite und Fremdheit dieser vom Menschen nicht zu erfassenden Zeitspanne zu spüren, schlägt der Paläontologe Yves Coppens vor, ein Jahr durch den Geldwert einer DM zu ersetzen. (Der Moment ist gekommen, um die Aussage »Zeit ist Geld« ins Gedächtnis zu rufen.)

Ein Jahrhundert ist mehr oder weniger der maximale Zeitraum, den wir noch erfassen können. In dem vorgeschlagenen praktischen Einheitensystem entsprechen diese 100 Jahre dem Wert von 100 DM. Aber die von uns betrachteten Zeiträume sind mehrere hunderttausend DM wert. Jeder Haushalt versteht im allgemeinen sehr schnell, daß sich zwei so unterschiedliche Budgets nicht auf gleiche Art und Weise verwalten lassen.

Wie wird sich der Mensch innerhalb dieser Zeiträume entwickeln? Ist es berechtigt anzunehmen, daß der zukünftige Mensch – abgesehen von einigen kulturellen Unterschieden – im großen und ganzen unser Ebenbild sein wird? Ist man überhaupt in der Lage, solch große Perioden ohne allzu viele Vorurteile und Phantastereien zu beschreiben? Und was ergibt überhaupt eine Projektion der menschlichen Situation in eine so weit entfernte Zukunft? Wir stehen solchen Fragen ratlos gegenüber, denn in gewisser Weise besitzen sie wenig Substanz. Einerseits sind sie vage und prophetisch, drehen sich aber andererseits um ein genaues Datum oder eine Anzahl von exakt festgelegten Jahren, die diese Prophezeiungen auf eine gewisse Weise wieder konkret werden lassen. Sie konzentrieren sich nicht auf das ultimative Ende der Welt, sondern nur auf ihr Aussehen in weiter Zukunft. Genau das macht es für den Philosophen unbequem. Denn dieser fühlt sich – wie der Gläubige – der Tradition gemäß viel sicherer, wenn er von der Ewigkeit, dem Augenblick, dem absoluten Beginn oder dem absoluten Ende sprechen kann. Er vermeidet die Betrachtung einer bezifferten Periode. Für das Denken sind eine Million Jahre gleichzeitig viel zuviel und viel zuwenig.

Was wird in einer Million Jahren mit dem Menschen passiert sein? Alles Erdenkliche wäre möglich. Man erhält eine Vorstellung dieser Möglichkeiten, wenn man den Zeitpfeil umdreht und symmetrisch betrachtet, was mit dem Menschen vor einer Million Jahren war. Ist die

Andersartigkeit, die unsere heutige Zeit vom Sekundär oder Tertiär trennt, nicht unglaublich? Was wird man finden, wenn man eine Zeitspanne gleicher Dauer in die Zukunft transponiert? Niemand kann es sagen. Auch die wildesten Vorstellungen und Spekulationen sind sicherlich zu kurzsichtig, zu altmodisch, zu naiv und zu verklärt, um uns eine glaubwürdiges Bild von unseren weit entfernten Nachkommen zeichnen zu können. Um sich das vor Augen zu führen, muß man nur die Aussagen von Propheten bezüglich des 21. Jahrhunderts betrachten. Ein Jahrhundert, das uns gleichzeitig so nah und doch so fern ist. Die Propheten werden sich in ihren Voraussagen genauso irren wie die, die im letzten Jahrhundert mit der gleichen Überzeugung Prophezeiungen über unser Jahrhundert wagten. Ihre Ausführungen und Ausbrüche zeugen eher von ihren innersten Verunsicherungen, Ängsten, Phantasien und Hoffnungen, als eine wirkliche Vorschau auf das nächste Jahrhundert zu bieten. Wir sind also bezüglich der Voraussagen für die nächste Million von Jahren weit entfernt von der Exaktheit, an die uns die Physik so allumfassend gewöhnt hat ...

Es ist bekannt, daß sich Historiker beim Studium der Vergangenheit selbst für sehr viel kürzere Zeiträume nicht mit den traditionellen Ansichten der Zeit begnügen können. Das chronologische Anordnen von minutiös verzeichneten Ereignissen entlang einer Achse in einem rein geometrischen Koordinatensystem erfüllt ihre Anforderungen nicht. Fernand Braudel zeigte, daß eine gute historische Darstellung andere Eigenschaften besitzen muß: Sie nimmt Bezug auf mehrere Zeiten, auf Zeitdauern, Zyklen, ineinandergewachsene Zeitabschnitte, die in ihrer Gesamtheit erst den Umfang der Geschichte darstellen. Alle diese heterogenen Zeittakte zusammengenommen, führen zu einer Synchronisierung verschiedener Zeiten, die die Einheit der Dauer durchbrechen und eine exakte und komplette Rekonstruktion der historischen Ereignisse praktisch unmöglich machen. Diese Problematik wird noch erschwert, wenn es sich nicht mehr um eine Beschreibung der Vergangenheit, sondern um eine Voraussage der Zukunft handelt. Die Zeit der Geschichte ist niemals die Zeit der Physik. Sie ist nicht so trocken, stärker ineinander verschlungen und vielgestaltig.

Bei dem schönen Spiel langfristiger Voraussagen gibt es eine weitere Ursache für Unsicherheiten. Sie ist mit dem mittlerweile schon geläufigen Ausdruck der »Beschleunigung der Geschichte« verbunden. Aussagekräftig ist hier ein Einbeziehen der Vorgeschichte in die Geschichte. Erst 500 000 Jahre nach der Entdeckung des Feuers wurden die Feuerwaffen erfunden, aber nur 600 Jahre trennen die Feuerwaffe von der Atombombe. Als weniger kriegerisches und jüngeres Beispiel soll die spektakuläre Veränderung im Transportsektor ausgeführt werden. Vorgestern war München eine Woche von Hamburg entfernt, gestern einen Tag, heute fünf Stunden, und morgen wird eine Viertelstunde ausreichen, um von der einen Stadt zur anderen zu gelangen. Tausend weitere Beispiele könnten bestätigen, daß die Idee des Fortschritts sich selbst vorantreibt. Man wirft den Fortschritt schnell auf den Müll, sei es in Form von Waffen, Werkzeugen, Computern oder Autos. Gerade geboren sind die Neuheiten schon wieder veraltet. Nur selten gibt es Hersteller, die nicht jedes Jahr unter Mißachtung des Wortsinns eine »neue Generation« ihrer Produkte ankündigen. Die Beschleunigung der Geschichte beschleunigt sich also selbst und wird somit ein Opfer der eigenen Dynamik. Bis wohin wird es in diesem Rhythmus weitergehen? Man kann sich fragen, wo in einem derart fließenden Kontext man einen Fixpunkt finden kann. Gibt es vielleicht wenigstens einen – wenn auch beweglichen – Anhaltspunkt, der uns als Basis dienen könnte? Unsere Welt ist nur noch im Werden begriffen und scheint jegliches Anhalten oder Pausieren verlernt zu haben. Sie wird immer unvorhersehbarer und entspricht immer mehr der Vorstellung Heraklits. Paradoxerweise ist das aber vielleicht das Zeichen, daß es an der Zeit ist, sich die Welt wie Parmenides zu denken. Simone Weil stellte einmal sehr klug fest, daß man nur mit ewigen Wahrheiten die Gewißheit haben kann, aktuell zu sein.

## Zeit und Schicksal

> *Ich erinnere mich an eine Uhr,*
> *die Köpfe abtrennte, um die Stunden anzuzeigen.*
> Tristan Tzara, *L'Homme approximatif*

Manchmal tut man Dinge, um die »Zeit totzuschlagen« – als wenn sie besser tot wäre. Diese Formulierung besitzt eine tiefere Wahrheit: Alle unsere Überlegungen über die Zeit sind – wenn auch unbewußt – erfüllt von der Vorstellung und der Befürchtung des Todes. Wir haben weiter oben ausgeführt, daß die Zukunft als Folge von Ereignissen weitestgehend nicht vorhersehbar ist, egal, wie sehr wir uns auch anstrengen mögen, Programme, Pläne oder Gesetzmäßigkeiten einzuführen. Doch auf ein Detail trifft diese Aussage nicht zu: Jeder von uns wird sterben. Wir sind also weit davon entfernt, die Zeit töten zu können; sie ist es, die uns verschlingt, wie der grausame Titan Cronos in der Mythologie seine Kinder verschlang, sobald seine Frau Rhea sie zur Welt gebracht hatte. Der Fluß der Zeit führt uns alle ohne Ausnahme auf den Friedhof. Was immer auch kommen mag, unser Tod ist ein sicheres Ereignis. Jeder weiß, daß ein Moment kommen wird, in dem weder Vergangenheit noch Zukunft für ihn existieren werden. Wenn wir auch das genaue Datum nicht kennen, so gehört doch ein solcher Moment fest zu jedem von uns. Wir können ihn nicht teilen, da niemand an unserer Stelle sterben wird; auf eine gewisse Weise trennt uns die Zeit schon hier und jetzt von anderen. Diese Tatsache wurde von Tolstoi hervorragend in seinem Werk *Der Tod des Iwan Iljitsch* analysiert. Die Hauptperson, Iwan Iljitsch, erkrankt an Darmkrebs und erlebt nach und nach seinen eigenen Tod. Er empfindet eine immer stärkere Isolation von den anderen (seiner Familie, den Freunden und den Lebenden). Die Zeit ist ein unausweichlicher Teil der Persönlichkeitsbildung. Ihr gegenüber kann kein anderer an meiner Stelle ich sein.

Die Zeit ist für uns begrenzt. Wir bekommen von ihr nur einen mehr oder weniger langen, aber endlichen Teil. Das Verstreichen der Zeit vollzieht sich nicht ohne Verluste, es führt ins Tragische, in die »unwiderbringliche Kränkung«, den Tod. »Das Schicksal, dieser Zerstörer«, schrieb Rilke an einem depressiven Tag. Dennoch wäre das Leben eigentlich absurd, wenn sich kein Ende abzeichnen würde. Denn ist es nicht das Gefühl unserer

### Vergänglichkeit

*Alle Überlegungen über die Zeit führen mehr oder weniger direkt auch zu unserem Tod.*

*Wir können uns darüber aufregen oder uns ablenken – wir leben trotzdem beständig in dem Bewußtsein, daß ein Moment kommen wird, in dem es weder Zukunft noch Vergangenheit geben wird.*

*Sind alle unsere Bemühungen vergeblich?*

*Die Distanz zwischen Vergänglichkeit und Größe ist sicherlich gering.*

Renard de Saint-André, Vergänglichkeit. *Marseille, Musée des Beaux-Arts, Palais Longchamp.*
Ph. © Giraudon.

Endlichkeit, die unserem Leben einen Sinn gibt? Da die Zeit für uns ein Ende hat, ist sie eine »schicksalhafte Macht« (diesen Ausdruck benutzt Marcel Conche in *Temps et Destin*).

Aus diesem Grund führen all unsere Überlegungen über die Zeit mehr oder weniger bewußt auch zu den Überlegungen über unseren Tod. Beim Nachdenken über die Zeit fühlen wir uns hoffnungslos sterblich. Von vergänglichen Wesen wie uns wird die Zukunft notwendigerweise als Erwartung des Todes empfunden. Sind wir nicht alle »an den Tod gekettete Galeerensklaven«, wie es der melancholische Kierkegaard ausdrückte? Allgemeiner gesagt ist die Zeit die implizite Basis aller Gedanken über die Schöpfung und den Ursprung, über die Geschichte und das Schicksal. Sie ist diese reine Unsicherheit, von der alles menschliche Leben erfüllt ist. Deshalb ist jede Reflexion über die Zeit mit Ängsten, Schwermut, Phantasien und Hoffnungen beladen. Man muß nur unsere hartnäckige, aber utopische Sehnsucht nach dem verlorenen Paradies betrachten; die Wünsche, Phönix wiederauferstehen zu lassen, in die Vergangenheit zurückzukehren (das Wort Nostalgie leitet sich von dem griechischen *nostos* = »zurück« ab); das unauslöschliche Verlangen nach unserer Wiedergeburt und unser Festhalten an der Unsterblichkeit. Oder unsere verrückte aber beständige Hoffnung, eine Zeitmaschine zum Zurückdrehen der Zeit oder ein Perpetuum mobile zu erfinden. Sind nicht alle diese Wünsche, die vielleicht unserem innersten Wesen entspringen, von der Ohnmacht gegenüber der Irreversibilität der Zeit geprägt? Ist der Zeitpfeil nicht das bewegliche Abbild des unbeweglichen Damoklesschwertes?

Es gibt wirksame Möglichkeiten, dieser Angst zu entfliehen. Wir können zum Beispiel zur Strategie des Vermeidens und Ausweichens greifen. Auf seine Art und Weise lädt uns Baudelaire dazu an einer Stelle in seinen *Kleinen Gedichten in Prosa* ein: »Um nicht die schreckliche Last der Zeit zu spüren, die eure Schultern zermalmt und euch in Richtung Erde neigt, müßt ihr euch ununterbrochen berauschen. Aber womit? Ganz wie es euch gefällt: mit Wein, mit Poesie oder mit Tugend. Aber berauscht euch.« Die genügsameren unter uns werden eher (oder auch) versuchen, sich vor dem spitzen Zeitpfeil zu verschanzen. Sie werden Kinder zeugen oder Bücher schreiben, ein unsterbliches Werk erschaffen, ihren Namen in der Geschichte verewigen, Beachtung, Bekanntheit und Ruhm erlangen, sich mit diversen Beschäftigungen betäuben, sich der Schönheitschirurgie anvertrauen oder Dinge sammeln, die unvergänglich erscheinen (aus Stein oder Edelstein). So glauben wir, in der Illusion zu überdauern, unser sterbliches Schicksal vergessen zu können. Letztendlich aber läßt sich der Tod niemals an der Nase herumführen. In seinem Angesicht ist kein Ausweg von Dauer und hat kein Trick Erfolg.

Der Gemeinschaftssinn eröffnet uns einen anderen provisorischen Fluchtweg. Die Zugehörigkeit zu einer Gemeinschaft, einer Kirche oder einer Nation verleiht uns tatsächlich das Gefühl, ein vergänglicher Teil eines großen unsterblichen Körpers zu sein. Da die Gruppe den Tod jedes einzelnen Teiles übersteht, wird jedes ihrer Mitglieder bei seinem Tode nicht vollständig sterben. Ihre Mitglieder sind wie die zeitlichen Glieder einer zeitlosen Kette. So verspricht jede alte und stabile Gemeinschaft die Unsterblichkeit per Übertragung, auf eine gewisse Art und Weise also eine Teilzeitewigkeit. Riten, Praktiken, Andachten und Geburtstage sind ebenso Versuche, die in diese Richtung gehen. Sie verankern für uns Kreisläufe und Wiederholungen im Inneren der linearen und flüchtigen Zeit. Aber von allen Abwehrmitteln gegen die zerstörerische Zeit bleibt die Liebe die schönste, fröhlichste und herzlichste, selbst wenn sie vielleicht nicht weniger illusorisch als die Alternativen ist. »Das, was ich einmal geliebt habe, werde ich immer lieben, ob ich es halten konnte oder nicht«, erklärt André Breton in *L'Amour fou*. In diesem »immer« klingt sehr wohl die Unsterblichkeit mit, wenn man von der Liebe nur die »Stunden des Triumphs« bewahrt und den Geist eines Troubadours besitzt. So wie auch Shakespeare in einem seiner *Sonette* glauben möchte, daß die Zeit keine Allmacht besitzt: »Und bringe doch das Schlimmste, alte Zeit! Trotz aller Kränkungen bleibt meine Liebe durch meine Verse ewig jung.«

Jedes Zusammentreffen mit dem Erhabenen läßt das Vorläufige lächerlich erscheinen. In unserem Verstand paßt das Unbezwingbare schlecht zur Kürze. Es gibt im Leben eines jeden Momente, die die Ewigkeit berühren, geheimnisvolle Momente, von denen Kierkegaard sagte, daß sie das Eindringen der Ewigkeit in die Zeit sind. Es ist, als ob die oft »hinter die Zeit« zurückgeschobene Ewigkeit sich in Wirklichkeit mitten in der Gegenwart befände; als wenn sich das ewig Dauernde mehr im Flüchtigen als im Abgeschlossenen und mehr im glanzvollen Augenblick als in der Beständigkeit fände. Diese wenn auch seltenen Momente der Ewigkeit genügen, um uns eine Vorstellung von der Zeitlosigkeit zu geben. Sie sind es, die nach ihrem Verstreichen unsere Seufzer und Melancholien nähren, wenn sie vorüber sind, und die uns den Mangel empfinden lassen, der in der Vergänglichkeit der Wesen und Dinge begründet liegt.

In einem solchen funkelnden Moment stellt die Zeit vorübergehend ihre zerstörende Tätigkeit ein. Sie läßt sich umarmen, gibt uns ein Almosen, wird freundschaftlich. So ungewöhnlich das auch scheint, es haben auch berühmte Physiker (um im Fach zu bleiben) solche Momente des Eintauchens in das Herz der Zeit gekannt und zugegeben. Zum Beispiel Erwin Schrödinger, der Vater der nach ihm bekannten Gleichung. Dieser erstaunliche Physiker beschränkte sich nicht auf eine ausschließlich physikalische Betrachtung der großen Fragen. Er hatte verstanden, daß man die Zeit eher meditativ erfassen als konzeptualisieren kann. Um die Ewigkeit zu spüren, genügt seiner Meinung nach ein Umstand, der uns die Gegenwart so intensiv erfahren läßt, daß es uns vorkommt, als ob sie explodiere. Dabei würde die Zeit nicht unterbrochen, aber in einem derartigen Maße verdichtet, daß sie fast ins Absolute übergeht. Eine solche Situation gestatte uns eine Besinnung auf das Wesentliche, trage uns aus der Zeit heraus und führe uns in ihr stillstehendes Zentrum. Damit sich das Leben diesem Extrem hingebe, könne schon ein Kuß genügen (denn auch die großen Physiker sind nicht nur Denker): »Lieben Sie ein Mädchen aus ganzem Herzen«, rät er uns, »und küssen Sie es auf den Mund: dann wird die Zeit anhalten und der Raum aufhören zu existieren.« Die Liebe ist also gut geeignet, der Zeit zu trotzen. Immerhin stimmen viele Schriftsteller und Gelehrte hinsichtlich der Fähigkeiten der Liebe, uns von der Tyrannei des »alten Chronos« zu befreien, überein. Dieser seltene Konsens ist sicherlich ein gutes Zeichen.

Einige Überlegungen entziehen einen der Zeit, und andere führen zu ihr zurück. Wenn wir uns gewahr werden, wie immer mehr Blätter fallen, sind wir schmerzlich unserer Melancholie ausgeliefert. Die Sonne wird Mangelware, und wir tauchen langsam in die Traurigkeit des Herbstes ein. Der Herbst steht immer am Ende von etwas und erinnert uns an unser eigenes Ende. Wenn wir andererseits geschrieben sehen, daß in der ebenen Geometrie die Summe der Quadrate der Seiten eines Dreiecks der Summe des Hypothenusenquadrats entspricht, so fühlen wir nichts Derartiges. Die Tragweite dieses Satzes des Pythagoras ist winzig, aber seine Gültigkeit ist vor den Zufälligkeiten des normalen Lebens geschützt. Seine Wahrheit besiegt die Zeit, trotzt den gegenwärtigen Bedingungen und verachtet alles, was einer Veränderung ähnelt. Indem die Wissenschaftler von einer Freiheit des Geistes gegenüber der Zeit träumten, haben sie viele dauerhafte Aussagen dieser Art erschaffen. So entwickelten Aristoteles, Platon und auch Spinoza, für den es »in der Natur der Vernunft liegt, die Dinge als eine gewisse Art von Ewigkeit besitzend anzusehen«, die Tendenz, das mit dem Verstand Erfaßbare mit dem Ewigen zu verwechseln. Wie das künstlerische Schaffen wird auch die wissenschaftliche Entdeckung als »Antischicksal« empfunden. Hat der Mensch nicht gerade aufgrund der eigenen Vergänglichkeit versucht, unvergängliche Gesetze zu finden, definitive Aussagen zu machen, kurz: Wissenschaft zu betreiben? Liebäugelt er nicht deswegen so beharrlich mit dem Zeitlosen, weil er der ihn umgebenden Vergänglichkeit entkommen möchte? Unumstritten bleibt, daß

**Einstein an der Tafel**

*Träumt der Mensch nicht von ewig gültigen Gleichungen, sucht Gesetze, die allgemeingültig sind, kurz: betreibt er nicht deshalb Wissenschaft, weil er versucht, seine eigene Sterblichkeit zu über-*winden? Weil sie zur Verwechslung von dem, was man mit dem Verstand fassen kann, und dem Ewigen neigt, wird die Wissenschaft oft als Antischicksal erlebt.

Ph. © FPG International/Explorer.

seine heldenhaften Bemühungen, sich den ehernen Gesetzen der Natur und der Zeit zu entziehen, des Menschen Größe ausmachen – um so mehr, als diese Versuche womöglich vergeblich sind. Tatsächlich gibt es keine Garantie dafür, daß die Zeit nicht doch letztendlich triumphieren wird und sich nur über die Erfolge des Geistes lustig macht.

Vergänglichkeit und Zeitlosigkeit sind zwei Aspekte der Zeit, die untereinander verbunden sind und einander immer wieder begegnen. Indem sie sich gegenseitig voraussetzen und aufeinander berufen, sind sie ohne Zweifel die zwei Seiten unserer menschlichen Zeitlichkeit, Vorder- und Rückseite derselben Realität. So wie die Physiker sind auch wir im täglichen Leben hin- und hergerissen zwischen Parmenides und Heraklit: Ein Auge schaut auf die Zeit, das andere richtet sich auf die Ewigkeit. Offenbar können wir das Wechselnde nicht ohne das Bleibende erklären. Wir können nicht von Dauer reden, ohne uns vorzustellen, daß sie in sich das Beständige trägt; wir können noch nicht einmal von der Zeit sprechen, ohne zugleich an die Ewigkeit zu denken – und umgekehrt. Als ob die Zeit in unserem Denken immer eng verbunden wäre mit dem, was über sie hinausgeht.

*Sceaux, den 28. August 1994,*
*Tag des Augustinus*

# Anhang

## Die dehnbare Zeit der Relativitätstheorie

Es seien *R* und *R'* zwei Galileische Bezugssysteme (das heißt, sie befinden sich jeweils gegenüber dem anderen in geradliniger und gleichförmiger Bewegung). Ihre Ursprünge seien entsprechend mit *O* und *O'* bezeichnet. Die Koordinaten, die ein Ereignis in *R* festlegen, sind vom Typ *(x, y, z, t)*. Dabei legen *x, y* und *z* den Ort eines stattgefundenen Ereignisses fest, *t* legt den Zeitpunkt des Ereignisses fest. Es seien *(x', y', z', t')* die

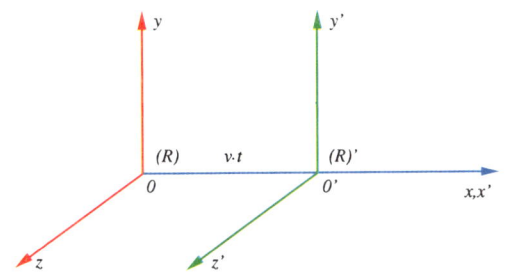

---

**Die Bezugssysteme *R* und *R'***
*Das Bezugssystem R' befindet sich in einer geradlinigen und gleichförmigen Bewegung mit*

*Geschwindigkeit v in Relation zum Bezugssystem R.*
*Die Länge der Strecke OO' ist gleich v · t.*

Koordinaten des gleichen Ereignisses in $R$'. Wie lassen sich die Koordinaten von $R$' in Abhängigkeit von den Koordinaten $x, y, z, t$ von $R$ darstellen?

Nehmen wir an, daß die Translationsbewegung von $R$' bezüglich $R$ mit der Geschwindigkeit $v$ längs der x-Achse stattfindet. Die Lorentztransformation erlaubt eine Umwandlung von den Koordinaten in $R$ zu den Koordinaten in $R$'. Sie ist in unserem Fall gegeben durch:

$$\left\{ \begin{array}{l} x' = \gamma\,(x - \beta ct) \\ y' = y \\ z' = z \\ t' = \gamma\,(t - \beta x/c) \end{array} \right.$$

In diesen Ausdrücken bezeichnet $c$ die Lichtgeschwindigkeit im Vakuum, $\beta$ ist gleich dem Bruch $v/c$ und $\gamma$ besitzt den Wert $1/(1 - \beta^2)^{1/2}$.

Da die Lichtgeschwindigkeit eine Grenzgeschwindigkeit ist (das heißt, sie kann nicht überschritten werden), kann $\beta$ nicht größer als 1 sein. Dahingegen ist der Faktor $\gamma$ immer größer als 1.

Um zu sehen, wie diese Gleichungen angewendet werden, betrachten wir zunächst zwei simultane Ereignisse in $R$ (das sind zwei Ereignisse, die zum gleichen Zeitpunkt $t$ stattfinden). Ihre Koordinaten in $R$ sind dann $(x_1, y_1, z_1, t)$ beziehungsweise $(x_2, y_2, z_2, t)$. Sind die beiden Ereignisse auch in $R$' simultan? Mit den oben angegebenen Gleichungen ergeben sich für die Zeiten $t'_1$ und $t'_2$ der Ereignisse in R' folgende Zusammenhänge:

$$\left\{ \begin{array}{l} t'_1 = \gamma\,(t - \beta x_1/c) \\ t'_2 = \gamma\,(t - \beta x_2/c) \end{array} \right.$$

Wenn also $x_1$ von $x_2$ verschieden ist, so sind auch $t'_1$ und $t'_2$ nicht gleich. Zwei in $R$ simultane Ereignisse sind in R' nicht mehr simultan. Der Begriff der Simultanität ist demnach nicht allgemeingültig (erinnern wir uns, daß dies in der Newtonschen Physik der Fall war). Das ist eine der wichtigen Aussagen der Relativitätstheorie.

Wir betrachten nun in $R$ den Raumzeit-Abstand $\Delta s$, der zwei durch die Indizes $_1$ und $_2$ dargestellte Ereignisse trennt. $\Delta s$ ist definiert durch:

$$(\Delta s)^2 = (x_2 - x_1)^2 + (y_2 - y_1)^2 + (z_2 - z_1)^2 - c^2 (t_2 - t_1)^2$$

In R' ist der Raumzeit-Abstand gegeben durch:

$$(\Delta s')^2 = (x'_2 - x'_1)^2 + (y'_2 - y'_1)^2 + (z'_2 - z'_1)^2 - c'^2 (t'_2 - t'_1)^2$$

Verwendet man die Ausdrücke aus der Lorentztransformation und stellt damit $x'_1$ als Funktion von $x_1$ und $t_1$, $x'_2$ als Funktion von $x_2$ und $t_2$, $t'_1$ als Funktion von $t_1$ und $x_1$ usw. dar, so zeigt man sehr einfach, daß $(\Delta s')^2$ gleich $(\Delta s)^2$ ist. Dieses Ergebnis ist überaus wichtig. Es bedeutet, daß der Raumzeit-Abstand zwischen zwei Ereignissen unabhängig vom Galileischen Bezugssystem ist, in dem man ihn berechnet. Man sagt, daß $\Delta s$ eine Lorentz-Invariante ist.

Betrachten wir nun die Konsequenz dieser Invarianz bei der Anwendung auf das Beispiel des Myons (das ist ein instabiles Teilchen mit einer Lebensdauer $\tau = 2{,}2 \cdot 10^{-6}$ Sekunden). Zuerst befinden wir uns in dem zum Myon zugehörigen Bezugssystem $R$. Laut Definition ist das Myon in diesem Bezugssystem unbeweglich, es befindet sich permanent im Ursprung $O$ des Bezugssystems. Weiterhin sei $t_1$ der Zeitpunkt der Geburt des Myons (es entsteht durch den Zerfall eines Pions) und $t_2$ der Zeitpunkt seines Zerfalls in ein Elektron und zwei andere Teilchen (Neutrinos). Laut Definition ist $t_2 - t_1 = \tau$. Der Raumzeit-Abstand, der Geburt und Tod des Myons trennt, wird dann:

$$(\Delta s)^2 = -c^2 (t_2 - t_1)^2 = -c^2 \tau^2$$

Angenommen, wir befinden uns nun in einem anderen Bezugssystem $R'$, in dem sich das Myon mit der Geschwindigkeit $v$ entlang der $x$-Achse bewegt. Dann ist der Raumzeit-Abstand zwischen Geburt und Tod des Myons durch die folgende Gleichung gegeben:

$$(\Delta s')^2 = (x'_2 - x'_1)^2 - c^2 (t'_2 - t'_1)^2 = (\Delta x')^2 - c^2 (\Delta t')^2$$

Dabei bezeichnen $x'_1$ und $x'_2$ den Ort des Myons in $R'$ bei seiner Geburt bzw. seinem Tod und $t'_1$ und $t'_2$ die Zeitpunkte, an denen das eine bzw. andere stattgefunden hat. Da $(\Delta s)^2$ eine Lorentz-Invariante ist, gilt:

$$(\Delta s)^2 = (\Delta s')^2$$

Daraus folgt hier:

$$(\Delta t')^2 (1 - (\Delta x')^2/c^2 (\Delta t')^2) = \tau^2$$

Da ja $\Delta x'/\Delta t' = v$ ist,

ergibt sich nun:

$$\Delta t' = \tau/(1 - v^2/c^2)^{1/2} = \gamma \tau$$

Da der Faktor $\gamma$ größer als 1 ist, ist in einem Bezugssystem, bezüglich dessen sich das Myon bewegt, die gemessene Lebensdauer $\Delta t'$ des Myons immer größer als seine eigentliche Lebensdauer $\tau$. Dies ist um so mehr der Fall, je größer seine Geschwindigkeit in diesem Bezugssystem ist.

In diesem Zusammenhang spricht man von der »Dehnbarkeit« der Zeit. Selbst wenn diese Dehnbarkeit uns an die subjektive Zeit (*tempus*) erinnert, so betrifft sie doch die objektive, von den Uhren gemessene Zeit (*chronos*). Eine Uhr in Bewegung schlägt immer langsamer als eine Uhr in Ruhelage, und je mehr sich ihre Geschwindigkeit der Lichtgeschwindigkeit nähert, um so mehr verlangsamen sich ihre Schläge. Im Grenzfall (also für das Lichtteilchen, ein sogenanntes Photon) vergeht die Zeit nicht mehr. Das Photon hat also die Chance, nicht älter zu werden, da ja seine eigene Zeit unveränderlich ist ($\Delta s$ ist Null für $v = c$).

Diese Dehnbarkeit der Zeit in der Relativitätstheorie ist der Ursprung des im Text zitierten Zwillingsparadoxons. Die Relativitätstheorie klärt diesen Sachverhalt vollständig auf, nur für den gesunden Menschenverstand bleibt er ein Paradoxon.

# Glossar

**Allgemeingültiges Gesetz:** Wenn man von der Hypothese ausgeht, daß das Universum existiert und einzigartig ist, kann man schließen, daß universell gültige physikalische Gesetze existieren. Sie wären an jeder Stelle des Universums gültig und anwendbar.

**Bezugssystem:** Ein Bezugssystem dient zur Festlegung eines Ereignisses in Zeit und Raum, zum Beispiel das Erscheinen oder Verschwinden eines Teilchens. Dazu benötigt man eine Uhr und drei Koordinatenachsen. Ein Ereignis ist durch vier Zahlen festgelegt. Die erste legt den Zeitpunkt fest, die restlichen drei geben den Ort an.

**Big-bang** (auch Urknall genannt): Derzeit anerkanntes Modell der kosmologischen Entwicklung. Danach herrschten im Universum zunächst Zustände sehr hoher Dichte und Temperatur, die sich dann im Laufe seiner Ausdehnung abgeschwächt haben. Der Begriff wird oftmals als Beschreibung eines explosionsartigen Entstehens des Universums mißgedeutet.

**Big-crunch:** Zum *Big-bang* symmetrisches Szenario. Es könnte Wirklichkeit werden, wenn der gegenwärtigen Phase der Ausdehnung des Universums eine Phase des Zusammenziehens folgt. Dabei käme es zu Zuständen sehr hoher Dichte und Temperatur.

**Chaotisches System:** System, in dem die Entwicklung nicht vorhersehbar ist, obwohl sie durch eine fest bestimmte Gleichung vorgegeben ist.

**Entropie**: Thermodynamische Größe, die, bezogen auf einen makroskopischen Körper, vereinfacht gesagt den Grad der Unordnung des Systems beschreibt. Mit Hilfe der Entropie kann man quantitativ den »Wert« der Energie messen. Der zweite Hauptsatz der Thermodynamik besagt, daß für ein abgeschlossenes System die Entropie nur wachsen kann.

**Expansion des Universums**: Die Galaxien entfernen sich voneinander mit einer Geschwindigkeit, die um so größer ist, je weiter sie voneinander entfernt sind. Eine solche Dynamik entspricht einer Ausdehnung des gesamten Universums.

**Formalismus**: Gesamtheit der Prinzipien, mathematischen Gleichungen und anwendbaren Regeln, die zusammen genommen eine Theorie begründen und ihre Anwendungsbedingungen festlegen.

**Inertialsystem**: Ein Bezugssystem ist ein Inertialsystem, wenn dort das Inertialprinzip eingehalten wird. Dies ist der Fall, wenn jeder freie Körper (auf den keine Kräfte wirken) in dem System eine geradlinige und gleichförmige Bewegung durchläuft.

**Isotrop**: Etwas, das in allen Raumrichtungen die gleichen physikalischen Eigenschaften besitzt. Keine der Richtungen kann dann formal bevorzugt werden.

**Kosmologie**: Studium der Struktur und der Entwicklung des Universums in seiner Gesamtheit. Es konnte und kann kein Experiment über diese Gesamtheit geführt werden, deshalb muß sich die Kosmologie mit Hypothesen und Schlußfolgerungen begnügen, die natürlich Gegenstand intensiver Debatten sind.

**Lokalität**: Im üblichen Sinne des Ausdrucks wird ein Gegenstand lokalisiert genannt, wenn er in einem kleinen Bereich »eingesperrt« ist. Darüber hinaus gibt es noch ein mit der Relativitätstheorie verbundenes »Lokalitätsprinzip«. Die Relativitätstheorie besagt, daß sich kein Signal schneller als mit Lichtgeschwindigkeit fortbewegen kann. Es gibt demnach Fälle, bei denen man sicher sein kann, daß zwei Ereignisse keinen Einfluß aufeinander haben.

Das ist der Fall, wenn zwei Ereignisse im Raum so weit entfernt und in der Zeit so nah beieinander sind, daß das Licht nicht die Zeit hat, sie zu verbinden. Jedes findet dann isoliert »in seiner Ecke« statt.

**Mechanik**: Teilgebiet der Physik. Die Mechanik berechnet die Bewegung eines Systems von Körpern aus der Kenntnis der auf sie wirkenden Kräfte. Anders herum bestimmt sie die wirkenden Kräfte durch die Kenntnis der Bewegung und der Position der Körper. Die Newtonsche (klassische) Mechanik läßt sich anwenden, wenn die die Geschwindigkeiten im Vergleich zur Lichtgeschwindigkeit sehr klein sind. Ist dies nicht der Fall, muß man die relativistische Mechanik anwenden. Im atomaren oder subatomaren Bereich (Teilchen) kommen neue, vollkommen andersartige Gesetze ins Spiel: die Gesetze der Quantenmechanik.

**Parität**: Die formale Operation, die sich aus der Betrachtung des Spiegelbilds eines physikalischen Vorgangs ergibt. Man spricht von der Invarianz bezüglich der Parität, wenn das erhaltene Spiegelbild denselben dynamischen Gesetzen gehorcht wie der ursprüngliche Vorgang.

**Schwarzes Loch**: Himmelsobjekt extremer Dichte. Seine Existenz steht in Einklang mit den Gesetzen der allgemeinen Relativitätstheorie. Ein Schwarzes Loch krümmt die Raumzeit in seiner Umgebung so sehr, daß ihm das Licht nicht mehr entkommen kann, und ist daher unsichtbar. Es könnte aber durch die Strahlung, die die unweigerlich vom Schwarzen Loch »verschluckte« Materie aussendet, nachweisbar sein.

**Superpositionsprinzip**: In der Quantenphysik werden physikalische Systeme durch Wellenfunktionen beschrieben. Diese Wellenfunktionen haben die Eigenschaft, sich zu überlagern, das heißt, sie können addiert werden: wenn $\psi_1$ und $\psi_2$ zwei mögliche Zustände eines Systems sind, dann ist $\psi_1 + \psi_2$ *auch* ein möglicher Zustand des Systems.

**Thermodynamik**: Teilgebiet der Physik. Sie untersucht die Zusammenhänge zwischen der thermischen Energie und der mechanischen Energie, also die Übertragung von Wärme und Bewegung. Die Thermodynamik wurde Mitte des 19. Jahrhunderts auf den 1824 von Sadi Carnot gelegten Grundlagen gegründet.

**Topologie**: Teilgebiet der Mathematik. Sie behandelt übergreifende Eigenschaften von Räumen, die unempfindlich gegen stetige Veränderungen sind – zum Beispiel ihre Eigenschaft, endlich oder unendlich zu sein. Gerade und Kreis besitzen nicht dieselben topologischen Eigenschaften.

**Wellenfunktion**: Oft mit ψ (*psi*) bezeichnetes mathematisches Gebilde. Die Quantenphysik verwendet die Wellenfunktion, um den physikalischen Zustand eines behandelten Systems zu beschreiben.

**Zeitpfeil**: Metapher, die der englische Physiker Arthur Eddington eingeführt hat. Sie verweist auf das unerbittliche Vergehen der Zeit von der Vergangenheit in die Zukunft, also in einer festgelegten Richtung.

# Anmerkungen

S. 8 Gaston Bachelard, *L'Intuition de l'instant*, Stock, 1992, S. 13.

S. 11 Heraklit, B 91, in: H. Diels/W. Kranz, *Fragmente der Vorsokratiker*, 3 Bde., Berlin, 6. Aufl. 1951/52.

S. 20 Primo Levi, »Échec au temps«, in: *Le Fabricant de miroirs*, Le Livre de poche, coll. »Biblio«, 1989.

S. 28 Pierre Simon Laplace, *Essai philosophique sur les probabilités*, Courcier, Paris, 1814 (dt.: *Philosophischer Versuch über die Wahrscheinlichkeit*, Leipzig 1932).

S. 39 Henri Bergson, *L'Évolution créatrice* (1916), PUF, 1970, S. 341.

S. 73 Blaise Pascal, *Pensées*, Opuscules, III, *De l'esprit géométrique* (dt.: *Gedanken. Über die Religion und einige andere Themen*, Stuttgart 1997).

S. 74 Aurelius Augustinus, *Bekenntnisse*, 11. Buch.

S. 75 Blaise Pascal, *op. cit.*

S. 76 Marcel Conche, *Temps et Destin*, PUF, 1992.

ebd. Aristoteles, *Physik*; IV, 219b, 12.

S. 77 *Ibid.*, IV, 218b, 11.

S. 79 Immanuel Kant, *Kritik der reinen Vernunft* (1787), B51/A34.

S. 84 Louis de Broglie, *Physique et Microphysique*, Albin Michel, 1956, S. 191-211.

S. 91 Hans Jonas, *Das Prinzip Verantwortung. Versuch einer Ethik für die technologische Zivilisation,* Frankfurt/M. 1979, S. 26.

S. 94 *Ibid.*, S. 64 und 70.

S. 97 Yves Coppens, »Quatre milliards d'années après«, in: *Temps, Mémoires, Chaos*, colloques 1990-1992, Descartes & Cie, S. 21.

S. 104 Marcel Conche, *op. cit.,* S. 15.

ebd. Søren Kierkegaard, *Papirer*, Bd. 2, Kopenhagen 1909-1948, S. 235.

S. 105 Baudelaire, *Le Spleen de Paris*, XXXIII, *Énivrez-vous*, Garnier-Flammarion, 1987 (dt.: *Le Spleen de Paris. Gedichte in Prosa,* in: *Sämtliche Werke, Briefe*, Band 8, München 1985).

S. 106 André Breton, *L'Amour fou*, Gallimard, coll. »Folio«, 1991, p. 171 (dt.: *L'amour fou. Prosa*, Frankfurt/M., Neuaufl. 1994).

ebd. Shakespeare, *Die Sonette*, Frankfurt/M. 1998.

S. 107 Erwin Schrödinger, *Carnet de 1919*, »A propos de philosophie kantienne«, zit. nach J. Mehra und H. Rechenberg, *The Historical Development of Quantum Theory*, Springer, 1987, S. 409.

S. 108 Baruch de Spinoza, *Die Ethik. Schriften und Briefe*, Stuttgart, Nachdr. d. 7. Aufl. 1982).

# Literaturhinweise

**Erster Teil**

AICHELBURG, P.C. (Hrsg.), *Zeit im Wandel der Zeit*, Wiesbaden 1988.

BAIERLEIN, R., *Newton to Einstein*, Cambridge University Press, 1992.

BOGON, H., *Die Zeit im System von Kosmos und Mensch. Über den Zusammenhang von Erkenntnis und Ewigkeit*, Frankfurt/ M. 1994.

BREUER, R., *Die Pfeile der Zeit. Über das Fundamentale in der Natur*, München 1984.

DAVIES, P., *Die Unsterblichkeit der Zeit. Die moderne Physik zwischen Rationalität und Gott*, München 1995.

DEPPERT, W., *Zeit. Die Beweggründe des Zeitbegriffs, seine notwendige Spaltung und der ganzheitliche Charakter seiner Teile*, Stuttgart 1989.

FRASER, J. T., *Die Zeit. Auf den Spuren eines vertrauten und doch fremden Phänomens,* München, Neuaufl. 1992.

FRIEDMAN, W., *About Time*, MIT Press, 1990.

FRITZSCH, H., *Die verbogene Raum-Zeit. Newton, Einstein und die Gravitation*, München 1997.

GAMOV, G., *Mr. Tompkins' seltsame Reisen durch Kosmos und Mikrokosmos. Mit Anmerkungen »Was der Professor noch nicht wußte« v. Sexl*, Wiesbaden 1997.

GEISSLER, K. A., *Zeit*, Weinheim 1996.

HAWKING, S., *Eine kurze Geschichte der Zeit*, Reinbek bei Hamburg, Neuausgabe 1998.

KELLER, A., *Über die Zeit*, Dortmund 1992.

KLEIN, E., *Gespräche mit der Sphinx, Die Paradoxien in der Physik*, Stuttgart, 2. Aufl. 1994.

MAINZER, K., *Zeit. Von der Urzeit zur Computerzeit*, München, 2. Aufl. 1994.

NEWTON, R. G., *What Makes Nature Tick?*, Harvard University Press, 1993.

PRIGOGINE, I., *Vom Sein zum Werden. Zeit und Komplexität in den Naturwissenschaften, München*, 6. Aufl. 1992.

REEVES, H., *Die kosmische Uhr*, Hildesheim 1998.

SCHULZ, P. E., *Zeit – das Abstrakte des Abstrakten. Neuropsychologische Aspekte subjektiver und objektiver Zeit*, Berlin 1998.

SEXL, R. U., SCHMIDT, H. K., *Raum – Zeit – Relativität*, Wiesbaden, 3. Aufl. 1991.

THORNE, K. S., *Gekrümmter Raum und verbogene Zeit. Einsteins Vermächtnis*, München 1996.


**Zweiter Teil**

BAUMGARTNER, H. M. (Hg.), *Das Rätsel der Zeit. Philosophische Analysen*, Freiburg i. Br., 2. Aufl. 1996.

BERGSON, H., *Zeit und Freiheit*, Hamburg 1994.

BORST, A., *Computus. Zeit und Zahl in der Geschichte Europas*, Berlin 1990.

BURGER, P., *Die Einheit der Zeit und die Vielheit der Zeit. Zur Aktualität des Zeiträtsels*, Würzburg 1993.

DUX, G., *Die Zeit der Geschichte*, Frankfurt/M. 1992.

ELIAS, N., *Über die Zeit* (Arbeiten zur Wissenssoziologie II), Frankfurt/M., 3. Aufl. 1987.

FAHR, H. J., *Zeit und kosmische Ordnung*, München 1995.

GENZ, H., *Wie die Zeit in die Welt kam. Die Entstehung einer Illusion aus Ordnung und Chaos*, München 1996.

HEIDEGGER, M., *Der Begriff der Zeit*, Tübingen, 2. Aufl. 1995.

HEIDEGGER, M., *Sein und Zeit*, Tübingen, 17. Aufl. 1993.

HONNEFELDER, G. (Hg.), *Was also ist die Zeit?*, Frankfurt/M. 1998.

JONAS, H., *Das Prinzip Verantwortung. Versuch einer Ethik für die technologische Zivilisation*, Frankfurt/M. 1984.

KAEMPFER, W., *Zeit des Menschen. Das Doppelspiel der Zeit im Zentrum der menschlichen Erfahrung*, Frankfurt/M. 1994.

KAEMPFER, W., *Die Zeit und die Uhren*, Frankfurt/M. 1991.

LUCKNER, A., *Genealogie der Zeit*, Berlin 1994.

MANZKE, K. H., *Ewigkeit und Zeitlichkeit. Aspekte für eine theologische Deutung der Zeit*, Göttingen 1992.

MARQUARDT, U., *Die Einheit der Zeit bei Aristoteles*, Würzburg 1993.

RÜSEN, J., *Zeit und Sinn*, Frankfurt/M. 1990.

# Register

Die *kursiv* gedruckten Seitenzahlen verweisen auf Abbildungen.

# D O M I N O
Modernes Wissen bei

# BLT